设计+制作+印刷+电子书+商业模版

InDesign
典型实例（第5版）

周燕华 夏 磊◎编著

人民邮电出版社

北 京

图书在版编目（ＣＩＰ）数据

设计+制作+印刷+电子书+商业模版InDesign典型实例/
周燕华，夏磊编著. -- 5版. -- 北京 ：人民邮电出版社，
2017.8
　ISBN 978-7-115-45791-2

　Ⅰ．①设… Ⅱ．①周… ②夏… Ⅲ．①电子排版—应
用软件　Ⅳ．①TS803.23

　中国版本图书馆CIP数据核字(2017)第151912号

内 容 提 要

　　本书主要讲解如何用 InDesign 进行版式设计与制作。

　　本书由两大主线贯穿，一条主线是实际的工作项目，另一条主线是软件操作技能。通过学习本书，读者既可以掌握常见印刷品的设计与制作方法，又可以在学习案例的过程中掌握实际工作中最常用的软件功能。

　　全书共 17 章，第 01 章介绍了软件的基础知识，以及设计与制作的基础知识。第 02 章~第 14 章共 30 个典型案例，包含了最常见的商业案例，如卡片设计、宣传折页设计等。第 15 章讲解了 InDesign 的输出设置，包括输出 PDF、打印设置和打包设置。第 16 章通过一个工作流程案例，总结出在工作流程中易犯的错误和常见问题。第 17 章讲解了 InDesign 数字出版的相关功能，以满足新媒体设计需求。

　　建议使用 InDesign CS6 及以上版本的软件进行练习，书中绝大多数的内容都提供了 InDesign CS3~InDesign CS5 的 indd 文件，因此，使用低版本软件的读者也可以正常学习本书的内容。

　　本书附赠资源文件，包括本书所有案例的素材、InDesign 源文件及教学视频，可以帮助读者掌握学习内容的精髓。

　　本书适合 InDesign 的初、中级用户，以及从事版式设计相关工作的设计师阅读。同时，本书也非常适合作为高职、高专的实践课教材。

　◆　编　　著　周燕华　夏　磊
　　　责任编辑　杨　璐
　　　责任印制　陈　犇
　◆　人民邮电出版社出版发行　　北京市丰台区成寿寺路 11 号
　　　邮编　100164　电子邮件　315@ptpress.com.cn
　　　网址　http://www.ptpress.com.cn
　　　北京捷迅佳彩印刷有限公司印刷
　◆　开本：787×1092　1/16
　　　印张：17.5　　　　　　　　　2017 年 8 月第 5 版
　　　字数：504 千字　　　　　　　2025 年 2 月北京第 16 次印刷

定价：79.90 元

读者服务热线：(010)81055410　印装质量热线：(010)81055316
反盗版热线：(010)81055315

前言
PREFACE

版式设计是设计艺术的重要组成部分，是视觉传达的重要手段。它是版式设计师等设计人员必须具备的技能。本书所讲解的设计知识，均与版式设计相关，其中对齐、亲密性、重复、对比等设计的基本原则同样适用于设计的其他门类。

制作，在本书中也可以称为排版，是指根据设计师提供的版式及样章，利用专业的制作（排版）软件完成整个出版物的制作（排版）工作。

印刷与我们的日常生活密不可分，书刊、杂志、报纸、产品包装……因此，它是设计作品最常用的表现形式之一。本书用较简单、容易理解的方式讲解了与版式设计有关的印刷知识。

要做一名设计师，只有将设计、制作、印刷相互结合，才能创作出优秀的设计作品。

作为一名设计师，大量浏览并模仿他人作品也是一种有效的学习方式，笔者一直都坚持这样的学习方式，即使现在已经有了自己的风格，依然坚持模仿好的设计作品来提高自己。

本书力求将与版式设计有关的设计、制作、印刷知识通过案例串连起来，并在案例后安排相关的知识拓展，对案例中涉及的重要知识点进行归纳总结，使读者真正知其然并知其所以然。另外，

笔者还准备了很多典型的商业模版，供读者参考。

为方便读者学习本书，下面对本书的内容进行简单的介绍。

本书由两大主线贯穿，从章标题中即可体现出来。

一条主线是实际的工作项目，即卡片设计→宣传页设计→宣传册设计→广告插页设计→线路图设计→装饰图案设计……图书版面设计→杂志内文版式设计等。

另一条主线是软件操作技能，即软件基础知识→文字基础知识→文字进阶→样式→颜色设置……版面融合→生成目录→打包输出等。

通过学习本书，读者既可以掌握常见印刷品的设计、制作方法，又可以在学习这些案例的过程中掌握实际工作中最常用到的软件功能。

本书以 InDesign 作为版式设计工具软件进行讲解，共有 17 章，各章主要内容如下。

第 01 章介绍了软件的基础知识，以及设计与制作的基础知识，有助于读者更好地学习本书后面的内容。

第 02 章~第 14 章共有 30 个典型案例，包含了最常见的商业案例，如卡片设计、宣传页设计、

宣传册设计、图书版面设计、杂志内文版式设计、目录设计、表格设计等。在讲解方式上，本书的实例部分采用了先实例后讲解的方式，真正做到理论与实践相结合。本书在实例讲解过程中，还穿插了大量的经验、技巧和常见问题，其中有很多都是业内口口相传的实战经验。

第 15 章讲解了 InDesign 的输出设置，包括输出 PDF、打印设置和打包设置，只有正确地对制作文件进行了输出，才能够将设计作品付诸印刷。

第 16 章通过一个工作流程案例，完全模拟实际的排版工作流程进行讲解，并总结了整个流程中的易犯错误和常见问题，有助于读者提高流程掌控能力。

第 17 章主要讲解 InDesign 的数字出版技术，以满足新媒体设计需求。

本书附赠资源文件，包括本书所有案例的素材、InDesign 源文件及教学视频，以及版式设计训练的精彩内容，请大家参照学习，也可以将 PDF 打印出来便于阅读。案例中涉及的文字及图片仅为示意，无任何具体意义，特此声明。此外，本书各章所提供的模版参考也位于随书资源中，

供读者学习参考。

本书正文中所提到的资源文件已作为学习资料提供下载，扫描右侧或封底二维码即可获得下载方式。

建议使用 InDesign CS6 及以上版本的软件进行练习，书中绝大多数的内容都提供了 InDesign CS3~InDesign CS5 的 indd 文件，因此，使用低版本软件的读者也可以正常学习本书的内容。

由于时间仓促加之编者水平有限，书中难免存在错误和不足之处，恳请广大读者指正。

如果大家在阅读或使用过程中遇到任何与本书相关的技术问题或者需要什么帮助，请发邮件至 szys@ptpress.com.cn，我们会尽力为大家解答。

作者

2017 年 3 月

目　录
CONTENTS

重要知识点索引

印刷

第 **01** 章

InDesign的奇妙之旅

如何学习InDesign？

InDesign只是一款工具软件，我们用它来完成工作，实现创意。我们不仅应该熟练掌握InDesign的各种功能，更重要的是，真正地将这些功能与实际工作结合起来，掌握如何用InDesign更好地实现创意，更快地完成工作任务，并且将错误率降到最低。

我们需要掌握什么？

InDesign的核心功能，以及和InDesign有关的设计、制作及印刷知识。

1.1 软件基础知识

本节主要介绍 InDesign 的工作环境。InDesign 的工作环境十分明了，设计师能够快捷地找到工具的位置。

1.1.1 认识InDesign的软件界面

打开 InDesign 软件，认识各选项的名称。在 Adobe 系列软件中，不同应用程序（Photoshop、Illustrator 等）的工作区具有相似的外观，因此，读者可以轻松地在应用程序之间进行切换。

1.1.2 菜单、工具箱和面板的介绍

1.菜单

菜单是所有应用程序的集合，面板中的选项在菜单中都能找到，菜单包括文件菜单、编辑菜单、版面菜单、文字菜单、对象菜单、表菜单、视图菜单、窗口菜单和帮助菜单。

（1）文件菜单——主要功能为新建、打开、存储、关闭、导出和打印文件。

新建菜单下的新建文档功能

（2）编辑菜单——主要功能为复制、粘贴、查找／替换、键盘快捷键和首选项等。

（3）版面菜单——版心大小的调整、页码的设置都通过版面菜单进行操作。

编辑菜单下的首选项功能

版面菜单下的版面调整功能

（4）文字菜单——所有关于文字的操作选项都在此菜单中，主要包括字体、字号、字距和行距等。

（5）对象菜单——为图形、图像添加效果，调整对象的叠放顺序等都通过对象菜单进行操作。

文字菜单下的字符和段落功能

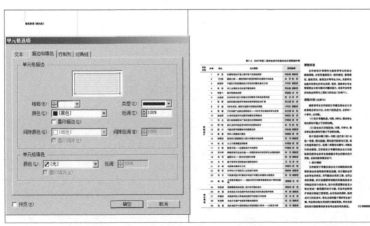

对象菜单下的效果和路径查找器功能

（6）表菜单——对表格的设置都在表菜单中进行。

（7）视图菜单——视图菜单可以调整是否显示文档中的参考线、框架边缘、基线网格、文档网格、版面网格、框架网格和栏参考线等。

表菜单下的单元格选项功能

视图菜单下的参考线显示功能

（8）窗口菜单——窗口菜单主要用于打开各种选项的面板。在界面中找不到的面板，都可以在窗口菜单中找到。

（9）帮助菜单——对于不明白的命令、选项或其使用方法，可通过帮助菜单来了解。

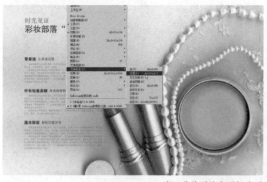

窗口菜单下的各面板选项

帮助界面

2.工具箱

（1）工具箱中集合了最常用的一些工具，主要用于选择、编辑和创建页面元素，选择文字、形状、线条和渐变。默认情况下，工具箱显示为垂直方向的两列工具，也可以将其设置为单列或单行。要移动工具箱，拖放其标题栏即可。

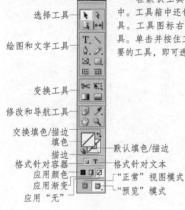

选择工具

绘图和文字工具

变换工具

修改和导航工具

交换填色/描边

填色

默认填色/描边

描边

格式针对容器　格式针对文本

应用颜色

应用渐变　　"正常"视图模式

应用"无"　　"预览"模式

在默认工具箱中单击某个工具，可以将其选中。工具箱中还包含几个与可见工具相关的隐藏工具。工具图标右侧的箭头表明此工具下有隐藏工具。单击并按住工具箱内的当前工具，然后选择需要的工具，即可选定隐藏工具。

当光标位于工具上时，将出现工具名称和它的快捷键。

工具名称	快捷键
选择工具	V
直接选择工具	A
页面工具	Shift+P
间隙工具	U
钢笔工具	P
添加锚点工具	=
删除锚点工具	-
转换方向点工具	Shift+C
文字工具	T
直排文字工具	

工具名称	快捷键	工具名称	快捷键
路径文字工具	Shift+T	垂直网格工具	Q
垂直路径文字工具		旋转工具	R
铅笔工具	N	缩放工具	S
平滑工具		切变工具	O
抹除工具		剪刀工具	C
直线工具	\	自由变换工具	E
矩形框架工具	F	渐变色板工具	G
椭圆框架工具		渐变羽化工具	Shift+G
多边形框架工具		附注工具	
矩形工具	M	吸管工具	I
椭圆工具	L	度量工具	K
多边形工具		抓手工具	H
水平网格工具	Y	缩放显示工具	Z

（2）正常视图模式——在标准窗口中显示版面及所有可见网格、参考线、非打印对象、空白粘贴板等。

预览视图模式——完全按照最终输出显示图片，所有非打印元素（网格、参考线、非打印对象等）都不显示。

出血视图模式——完全按照最终输出显示图片，所有非打印元素（网格、参考线、非打印对象等）都不显示，而文档出血区内的所有可打印元素都会显示出来。

辅助信息区视图模式——完全按照最终输出显示图片，所有非打印元素（网格、参考线、非打印对象等）都被禁止，而文档辅助信息区内的所有可打印元素都会显示出来。

正常

预览

出血

辅助信息区

3.面板

启动 InDesign 时，会有若干组面板缩进界面的一侧，这样可以节省界面空间，若面板全部显示，则很容易占满屏幕的整个空间以至于除面板外看不到其他内容。虽然可以使用快捷键打开面板，但是读者可能更喜欢通过单击面板来实现操作。可以将面板折叠为只显示其选项卡和标题栏的"折叠"面板。

完全展开的面板

单击标题栏可将面板折叠，再次单击则展开面板

单击此按钮展开面板以显示其他选项

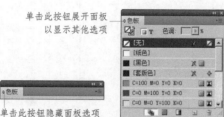

单击此按钮隐藏面板选项

如果多次单击此按钮，将循环显示此面板的各种状态，并且最终得到最小化的面板

要调整面板的大小，可以拖曳面板右下角的调整框

如果某些面板右下角没有调整框，则不能改变其大小

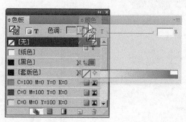

用鼠标拖曳选项卡，将多个面板进行组合

组合面板

1.1.3 常用功能

以下要讲的软件知识都是平面设计师必须掌握的，它将对今后的工作有很大的帮助。同时，所讲解的这些问题也是本书关于软件方面的重点内容。

问：如何在 InDesign 中添加文字？

答：添加文字有 4 种方法。一是置入法，文件\置入，在对话框中选择需要置入的文字路径，单击【打开】按钮，将光标移动到页面空白处，单击即完成置入文字的操作；二是复制粘贴法，复制一段文字，然后在 InDesign 中粘贴即可；三是拖曳文本文件法，将文本文件从资源管理器窗口拖曳到InDesign的空白页面中；四是输入文字法，用【文字工具】拖曳一个文本框，然后在文本框中输入文字即可。在 InDesign 中，文字有文本框，图片有图片框，在输入文字时需要拖曳一个文本框才能进行输入文字的操作。

问：如何为文字和段落设置字体、字号、行距和缩进等？

答：【字符】面板用于设置文字的外观，内容包括字体、字号、行距、字符间距、文字的长扁和倾斜等。【段落】面板用于设置段落的外观，内容包括段落的对齐方式、左右缩进、首行左缩进、末行右缩进、段前段后间距和首字下沉等。单击面板右侧的三角按钮可以展开更多关于字符和段落的选项。对于文字和段落的外观也可以通过控制面板进行设置，用【文字工具】选择需要设置的文字，在控制面板上会出现相应的设置选项。

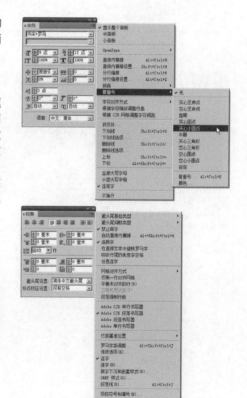

问：如何为对象填充颜色？

答：可以为路径内部填充实心颜色，也可以为路径填充线性或径向渐变。所以，路径（包括开放的路径）均可以应用填色操作。

01 用【选择工具】选择填色的对象，单击【色板】面板中的【填色】按钮，使其置于上方，表示当前是填充颜色操作

02 单击【色板】面板中的颜色，使颜色应用于所选的对象上

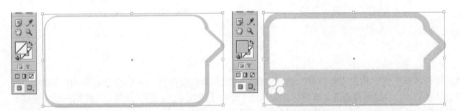

03 应用工具箱填充颜色的方法。单击【填色】按钮，使其置于上方，表示当前是填充颜色操作

04 单击【应用颜色】按钮，将最近使用的颜色应用于所选对象上

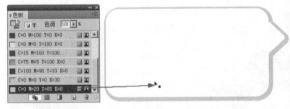
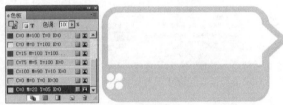

05 拖曳颜色的方法。将颜色从【色板】面板中拖曳出

06 将拖曳出的颜色放在对象中即可完成填色的操作。使用拖曳颜色的方法可以不选择对象

07 应用【颜色】面板填色方法。用【选择工具】选择填色的对象，单击【填色】按钮

08 在CMYK数值框中输入颜色值，也可以拖动滑块或是在颜色条上单击颜色，给对象应用上颜色，单击【颜色】面板右侧的三角按钮，可以选择颜色类型

09 应用【吸管工具】填色方法。使用【吸管工具】从对象中提取所需要的颜色

10 在需要应用颜色的对象上单击填充颜色

问：如何设置同一段落中的中文和英文使用不同的字体？

答：InDesign 的复合字体功能可以设置同一段落中中英文字体不相同，文字 \ 复合字体，在【复合字体编辑器】中设置需要的中文字体和英文字体即可，详细的操作步骤请参阅第 03 章宣传页设计——文字的进阶操作。

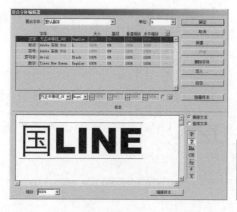

位于沙尔费蓝柯（**Scharfe Lanke**）的纽曼住宅（**Neumann Haus**），以及一幢坐落在柏林夏洛腾堡（**Charottenburg**）斯克罗斯大街（**Schlossstrasse**）上的高级住宅（1976—1978）。

问：如何为每段或每篇文字应用相同的文字属性？

答：在排版图书时，重复操作很多，为了提高工作效率，通常为重复性较多的各级标题、正文和附注指定段落样式。段落样式包含【字符】面板和【段落】面板中的所有选项，字符样式只包含【字符】面板中的选项。段落样式应用于整个段落，字符样式应用于段落中的某些字符，嵌套样式则能让段落中同时包含两种样式的功能。

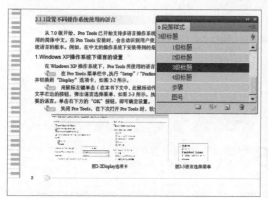

问：当两个标点在一起时，如果距离太远了，非常难看，但如果一个一个进行修改，太麻烦了，是否有快捷的方法进行修改？

答：可以使用 InDesign 的标点挤压功能来调整标点。标点挤压用来设置中文、英文及各种标点符号等的间距。在标点挤压中，找到两个需要进行设置的标点，并减小其间距即可。

全角式又称全身式，在全篇文章中除了两个符号连在一起时（比如冒号与引号、句号或逗号与引号、句号或逗号与书名号等），前一符号用半角外，所有符号都用全角。

全角式又称全身式，在全篇文章中除了两个符号连在一起时（比如冒号与引号、句号或逗号与引号、句号或逗号与书名号等），前一符号用半角外，所有符号都用全角。

问：经常看到在别人设计的作品中有非常漂亮的渐变文字，但我却总是设置不好，是否有什么好的办法？

答：在本书第03章宣传页设计——文字的进阶操作中，有一个案例就简单涉及了渐变文字的设计方法；在第5章广告插页设计——颜色的设置中，有一个案例完全是用渐变来完成的，读者认真完成这个案例后，就能够将渐变文字的设计方法熟练掌握了。

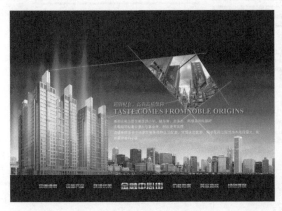

问：InDesign中怎么也有钢笔工具组？是不是有了InDesign，就不用在Photoshop中用钢笔抠图，也不用在Illustrator中绘制图形了？在InDesign中完成这些工作就可以了吧？

答：这样的理解是错误的，InDesign增加钢笔工具组，仅仅是为了绘制一些简单的路径，如页眉、页脚上修饰性的小图形，步骤号上的小图标，简单的线路图等，这样就不需要为了绘制一个简单的五角星也要兴师动众地打开Photoshop或Illustrator。但是，InDesign无法替代Photoshop和Illustrator的功能，用钢笔抠图是Photoshop的看家本领，InDesign无法做得更好；另外，InDesign只能绘制一些简单的图形，而层次比较复杂的矢量图形，还需要用Illustrator来完成。在本书第06章绘制简易线路图——线条中，深入剖析了钢笔工具的用法，建议读者深入理解这部分内容，这对学习Adobe其他软件中钢笔工具的用法也会有很大的帮助。

Photoshop抠图　　　　　　　　　　　　　　　Illustrator绘制插画

问：在 InDesign 中如何设置描边？

答：选中一个图形，窗口\描边，可以设置图形的粗细、线型等，在 InDesign 中可以做出很多漂亮的描边效果，如下图所示。

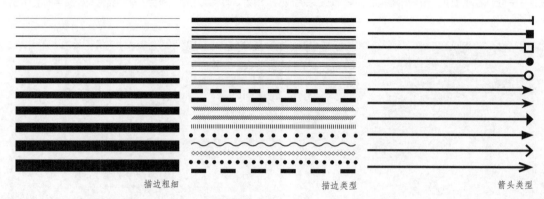

描边粗细　　　　　　　　　　描边类型　　　　　　　　　　箭头类型

问：如何使用【路径查找器】的选项？

答：使用【路径查找器】面板可以创建复合形状的图形，复合形状可由简单路径、复合路径、文本框架、文本轮廓或其他形状组成。复合形状的外观取决于所选择的【路径查找器】按钮。

【添加】按钮 ——跟踪所有对象的轮廓以创建单个形状。

【减去】按钮 ——前面的对象在底层的对象上"打孔"。

【交叉】按钮 ——从重叠的区域创建一个形状。

【排除重叠】按钮 ——从不重叠的区域创建一个形状。

【减去后方对象】按钮 ——后面的对象在最顶层的对象上"打孔"。

　　　原始形状　　　　　　　　　　添加　　　　　　　　　　减去

　　　交叉　　　　　　　　　　排除重叠　　　　　　　　　　减去后方对象

选择一个图形，在【路径查找器】面板中单击【转换形状】中的任意一个按钮，可以将现有形状改变为其他形状。

【转换为矩形】按钮 □ ——将选择的对象转换为矩形。

【转换为圆角矩形】按钮 ——将选择的对象转换为圆角矩形，并应用"圆角"选项（使用【角选项】对话框中的选项进行设置）。

【转换为斜角】按钮 ——将选择的对象转换为斜角矩形，并应用"斜角"选项（使用【角选项】对话框中的选项进行设置）。

【转换为反向圆角矩形】按钮 ——将选择的对象转换为反向圆角矩形，并应用"反向圆角"选项（使用【角选项】对话框中的选项进行设置）。

【转换为椭圆】按钮 ——将选择的对象转换为椭圆，如果选择的是正方形，那么得到的图形是圆形。

【转换为三角形】按钮 △ ——将选择的对象转换为三角形。

【转换为多边形】按钮 ——将选择的对象转换为多边形。

【转换为直线】按钮 ／ ——将选择的对象转换为直线。

【转换为垂直或水平直线】按钮 ＋ ——将选择的对象转换为一条垂直或水平直线。

问：如何获取图片？如何调整图片的大小？

答：InDesign 获取图片的方法如下：文件＼置入或直接将图片拖入 InDesign 中。在 InDesign 中，所有的图片都是有外框的，在调整图片大小时一定要注意，如果需要同时调整图片及其外框，应按住 Ctrl+Shift 键进行拖曳。

问：为什么将制作文件给输出公司时，技术人员问我要链接图片？ InDesign 中不是有图片吗？

答：当我们将一张图片置入 InDesign 文档中时，这张图片并没有真的存在于 InDesign 文档中，而是在 InDesign 中创建了一个低分辨率的缩览图，该图片被称为 InDesign 的"链接图片"，这样做的好处是，可以减小 InDesign 的负担，提高 InDesign 文档打开、编辑的速度，从而提高设计师的工作效率，同时，也减少了错误发生率（如果文档过大，发生错误的概率会很高，甚至会完全损坏文档）。

问：什么是链接面板？它有什么用？

答：窗口＼链接，即可打开【链接】面板。【链接】面板不是用来设置网页中的超链接的，它主要用来管理置入 InDesign 中的链接图片，如查看链接图片的基本信息（色彩模式、尺寸、存储路径等）、快速定位链接图片在文档中的位置、实时监视链接图片是否丢失或被更改等。

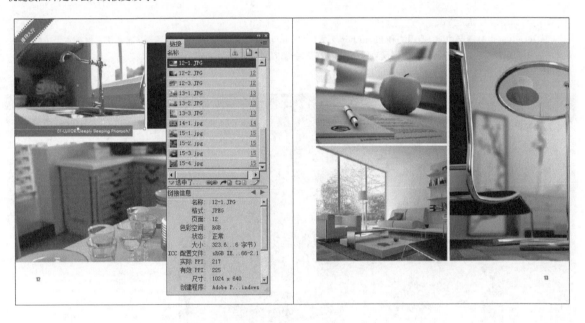

问：InDesign 是否有表格功能？在 PageMaker 中做表格简直就是噩梦！客户在 Word 原稿中已经做好的表格，在 InDesign 中是否可以直接调用？

答：InDesign 拥有非常强大的表格功能，就凭这一点，就值得所有的 PageMaker 用户抛弃 PageMaker 改用 InDesign。这么说毫不夸张，很多做设计的朋友都是因为听说了 InDesign 做表格比较方便才开始用 InDesign 的，然后就彻底把 PageMaker 遗忘了。

在 InDesign 中，可以直接置入在 Word 中绘制的表格，甚至可以直接复制并粘贴，并且可以进行进一步的编辑、调整。Word 中的表格需要注意的是，Word 中的颜色都是 RGB 的，需要在 InDesign 中将其更改为相近的 CMYK 颜色，否则，在印刷时颜色偏差会很大。

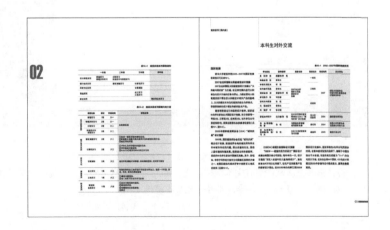

问：什么是主页？它有什么作用？

答：主页是 InDesign 中一个特殊的页面，可以将它理解为一个"模版"。在主页中绘制一个图形或输入一段文字，那么它们将会出现在应用了这个主页的所有页面中，并且在普通页面中无法直接编辑主页上的对象。主页通常用来制作页眉、页脚等页面元素，如书名、页码等，这样既节省了设计师的时间，也避免了在排版过程中，由于误操作而删除或移动页眉、页脚。

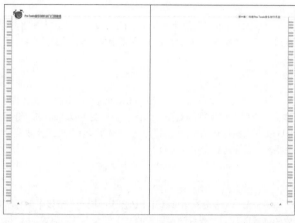

主页上的设计元素

问：如何创建自动页码？

答：切换至主页，拖曳出一个文本框，文字\插入特殊字符\标志符\当前页码，即可插入自动页码。在主页上直接写字字母"N"无法实现自动页码功能，在普通页面上直接输入1、2、3、4也是不科学的方法。

问：InDesign 也有图层功能？我怎么从来也没用过，它有什么作用？

答：InDesign 也有图层功能，但用法和 Photoshop 不太一样。InDesign 的图层功能很少被用到，通常用它保护主页中的对象，将文字、图片、背景色块分开，详细内容请查看本书第 13 章杂志内文版式设计——版面融合。

问：什么是文本绕排？InDesign 的文本绕排功能在哪里？

答：很多排版软件都有文本绕排功能，InDesign 也不例外。文本绕排用来设置文本和图片的关系，如让文字沿着图片的形状排版。执行窗口\文本绕排，即可打开文本绕排面板。

问：什么是书籍？它有什么用？怎样创建书籍？

答：为了避免文档过大所带来的各种问题（打开慢、编辑慢、容易发生软件错误等），通常将一本书拆分为多个文档进行制作，例如一本书有 10 章，就用 10 个文档来做。

当文档过多时，导出 PDF 需要一个一个地打开文档，打印也需要一个一个地打开文档，很不方便。InDesign 的书籍功能可以免去这样的麻烦。书籍就相当于一个智能的文件夹，可以将多个文档重新"组合"在一起；选择打印书籍，即可将所有的文档打印出来，而不需要将它们真正地合并为一个文档。通过书籍来逐个修改文档，也可以提高设计师的工作效率。

执行文件 \ 新建 \ 书籍，即可创建一个书籍，书籍应存储在相应的制作文件夹下，然后将所有的制作文件按照先后顺序添加到书籍中。

问：如何在 InDesign 中生成目录？为什么我的页码总是对不齐？

答：执行版面 \ 目录，即可创建目录，前提是，在排版文件中，各级标题的段落样式是规范设置的。采用嵌套样式可以解决页码无法对齐的问题，详细内容在本书的第 14 章出版物的索引——目录的处理。

问：什么是 PDF？为什么要自己输出 PDF，直接把源文件给输出公司不可以吗？

答：PDF 是一种很常见的文件格式，用 InDesign 制作完成的文件，需要以 PDF 格式输出，然后交由输出公司进行后续工作，或发送给客户进行检查。

如果是长期合作的输出公司，并且双方的信任度非常高，可以直接将源文件交由输出公司进行后续工作，如果是首次合作的公司，双方还不是很了解，建议给其 PDF 文件，以防止源文件被意外泄露或更改而造成不必要的损失。另外，PDF 文件比源文件小很多，在进行文件交换时，非常方便。

问：【效果】面板有什么作用？

答：利用【效果】面板可以指定对象的混合模式和不透明度。混合模式用于控制基色（图片的底层颜色）与混合色（选定对象或对象组的颜色）相互作用的方式，结果色是混合后得到的颜色，其选项包括正片叠底、滤色、叠加、柔光、强光、颜色减淡、颜色加深、变暗、变亮、差值、排除、色相、饱和度、颜色和亮度。不透明度可以确定对象、描边、填色或文本的不透明度，InDesign 提供了 9 种透明度效果，分别是投影、内阴影、外发光、内发光、斜面和浮雕、光泽、基本羽化、定向羽化和渐变羽化。

1.混合模式各选项的介绍

正常——在不与基色相作用的情况下，采用混合色为选区着色，这是默认模式。

正片叠底——将基色与混合色复合，结果色总是较暗的颜色。任何颜色与黑色复合产生黑色。任何颜色与白色复合保持原来的颜色。该效果类似于在页面上使用多支魔术水彩笔上色。

正常   正片叠底

滤色——将混合色的互补色与基色复合。结果色总是较亮的颜色。用黑色过滤时，颜色保持不变。用白色过滤将产生白色。此效果类似于多个幻灯片图像在彼此之上投影。

叠加——根据基色复合或过滤颜色。将图案或颜色叠加在现有图片上，在基色中混合时会保留基色的高光和阴影，以表现原始颜色的明度或暗度。

滤色   叠加

柔光——根据混合色使颜色变暗或变亮。该效果类似于用发散的点光照射图片。

如果混合色（光源）比 50% 灰色亮，图片将变亮，就像被减淡了一样；如果混合色比 50% 灰色暗，则图片将变暗，就像颜色加深后的效果；使用纯黑色或纯白色上色，可以产生明显变暗或变亮的区域，但不能生成纯黑色或纯白色。

强光——根据混合色复合或过滤颜色。该效果类似于用强烈的点光照射图片。

如果混合色（光源）比 50% 灰色亮，则图片将变亮，就像过滤后的效果。这对于向图片中添加高光非常有用。如果混合色比 50% 灰色暗，则图片将变暗，就像复合后的效果。这对于向图片中添加阴影非常有用。用纯黑色或纯白色上色会产生纯黑色或纯白色。

颜色减淡——使基色变亮以反映混合色，与黑色混合不会产生变化。

颜色加深——使基色变暗以反映混合色，与白色混合不会产生变化。

变暗——选择基色或混合色（取较暗者）作为结果色，比混合色亮的区域将被替换，而比混合色暗的区域保持不变。

变亮——选择基色或混合色（取较亮者）作为结果色，比混合色暗的区域将被替换，而比混合色亮的区域保持不变。

差值——比较基色与混合色的亮度值，然后从较大者中减去较小者，与白色混合将反转基色值，与黑色混合不会产生变化。

排除——创建类似差值模式的效果，但是对比度比插值模式低，与白色混合将反转基色分量，与黑色混合不会产生变化。

色相——用基色的亮度和饱和度与混合色的色相创建颜色。

饱和度——用基色的亮度和色相与混合色的饱和度创建颜色。用此模式在没有饱和度（灰色）的区域中上色，将不会产生变化。

颜色——用基色的亮度与混合色的色相和饱和度创建颜色。它可以保留图片的灰阶，对于给单色图片上色和给彩色图片着色都非常有用。

亮度——用基色的色相及饱和度与混合色的亮度创建颜色。此模式所创建的效果与颜色模式所创建的效果相反。

2.透明度各选项的介绍

投影——在对象、描边、填充或文本的后面添加阴影。可以让投影沿 x 轴或 y 轴偏离，还可以改变混合模式、颜色、不透明度、距离、角度及投影的大小。

内阴影——内阴影效果将阴影置于对象内部，给人以对象凹陷的印象。可以让内阴影沿不同轴偏离，并可以改变混合模式、不透明度、距离、角度、大小、杂色和阴影的收缩量。

外发光——外发光效果使光从对象下面发射出来，可以设置混合模式、不透明度、方法、杂色、大小和跨页。

投影　　　　　　　　　　内阴影　　　　　　　　　　外发光

内发光——内发光效果使对象从内向外发光，可以选择混合模式、不透明度、方法、大小、杂色、收缩设置及源设置。源指定发光源。

斜面和浮雕——使用斜面和浮雕效果可以赋予对象逼真的三维外观。

光泽——使用光泽效果可以使对象具有流畅且光滑的光泽，可以选择混合模式、不透明度、角度、距离、大小设置，以及是否反转颜色和透明度。

基本羽化——使用羽化效果可按照指定的距离柔化（渐隐）对象的边缘。

定向羽化——定向羽化效果可使对象的边缘沿指定的方向渐隐为透明，从而实现边缘柔化。例如，可以将羽化应用于对象的上方和下方，而不是左侧或右侧。

渐变羽化——使用渐变羽化效果可以使对象所在区域渐隐为透明，从而实现此区域的柔化。

单击【效果】面板右侧的三角按钮，选择清除效果，可以将效果清除。

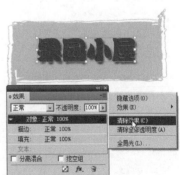

1.2 设计基础知识

本节主要介绍版面结构设计的四大原则，让平凡的版面变漂亮。本书中很多案例的设计思路均基于这四大原则。

1.2.1 版面结构

版面设计可以简单归为 4 个原则，一是页面元素的对比性，如果想要页面有层次感，则需要元素之间存在差异，即对比性，通过字体粗细的对比、字号大小的对比、颜色的对比等，让标题更有层次感，让需要突出的内容更醒目；二是页面视觉元素要反复出现，相同类别的内容，可以反复使用相同的颜色、形状、字体、字号和线宽等，这样可以使页面更整齐、统一；三是页面元素之间要对齐，任何东西都不能在页面中随意乱放，要让相关的内容在视觉上产生联系，可以使页面看起来更细致；四是注意相同元素之间的紧密性，相同元素靠得近一些，不同的则稍远些，通过行距来控制相同元素之间的紧密程度，这样使读者能更清晰地看到内容结构。

每个设计原则都是相互关联的，在同一页面中常会出现两个以上的设计原则，只应用某一个原则的情况很少。设计师记住这 4 个原则，会使版面更加有说服力。

1.页面元素的对比性

这是一张报纸广告，是一个房地产的广告，第一眼看上去会感觉很好看，除此之外便没有什么特别的地方。

笔者对标题都用了笔画较粗的字体，字号也增大了，使标题不至于淹没在背景中，在这个房地产广告中，标题内容才是最需要人们关注的。

这张名片中存在着对比性，但名片的Logo与地址对比微弱，视觉中心都被名字抢走了，而且画面感很孤立，名字与周围的元素没有联系。

在设计名片时，需要了解这是一张干什么的名片，本例需要突出企业标识，将其放在第一视觉位置上，其次才是表现联系方式等内容。

这个页面已有对比性，但还可以进一步改善。

在左边页面上增加一些绿色背景，使页面看起来更饱满，且与右边的图片产生联系。

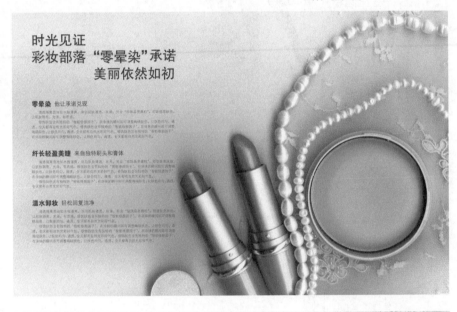

标题的内容没有对比性，重点文字信息没有突出。

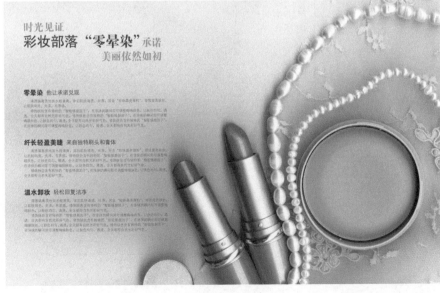

通过调整字体、字号与颜色，标题内部产生了对比性，使重点文字信息突出。

2.页面视觉元素的重复性

使用重复性设计原则可以从标题、广告语着手。

让重复性元素更为突出，如增加修饰性的边框、色块、线条，调整字体粗细与字号大小。

这张信纸设计得简洁干净，红色的小椅子成为信纸中的亮点。

将这个亮点放大，复制多把红色小椅子，并按由大到小进行排列，使其在白净的信纸中产生空间感。

页面中使用反复的一个元素并不一定完全相同，可以使其在大小、颜色上稍加改变。例如这个折页设计，充分运用了重复性原则，但页面以灰色为主，标题使用同一字体、字号和颜色，使页面稍显沉闷，让标题之间在颜色上产生变化，不仅不会破坏页面的整体感，反而使页面活跃起来，更显时尚。

　　在页面中使用重复性设计原则可以将各部分联系在一起，增加页面统一性，增强整体感，否则会让各元素之间没有联系，产生孤立感。但是运用重复性的同时也需要注意对比性，否则，页面的统一性会降低，人在视觉上也会感觉不舒服，太多使用重复也会使页面的重点内容不够突出。

3.页面元素要对齐

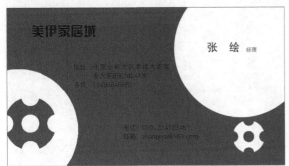

这张名片上的信息像是没经过思考随便扔上去的一样，没有视觉中心。

把所有内容都集中在名片右边的空白位置，人名和地址左对齐，使得相关信息更有条理。

这张名片在设计上没有什么太大的问题，企业名称与联系方式进行分组，使它们之间具有合理的亲密性，但对图片整齐地排放在了名片的左侧，并在上下左右留下了适当的间距，而右边就稍显参差不齐。

笔者对文字采用了右对齐的方式，企业名称的顶部与图片的顶部对齐，联系方式的底部与图片的底部对齐，使名片的内容看起来更舒服。

这个折页设计犯了很严重的错误，在设计大篇幅的文字内容时，通常不宜采用居中对齐的方式，中文版式设计就跟写汉字一样追求方方正正的感觉，因为正文采用了居中，所以，标题也采用了居中，每篇的文字摆放有高有低，没有对齐的方向，使页面非常杂乱。

将正文的对齐方式改为双齐末行齐左，标题也设置左对齐，每篇正文的顶部都统一在一条水平线上，页面是不是看起来更整齐了？

4.相同元素之间的紧密性

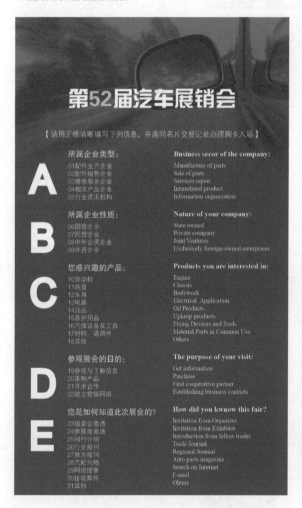
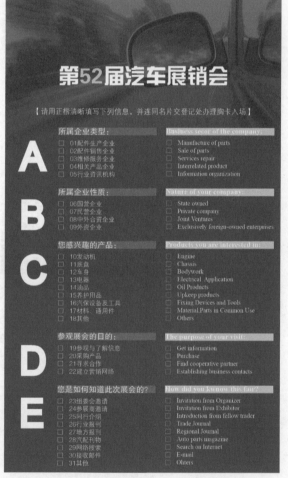

这是一个展销会的调查表，设计得中规中矩，条理清晰，每个单元文字之间虽然留有距离，但不明显，无法清晰地看出它们之间的关系。

笔者在标题上加了颜色背景，加强了标题与正文的对比性，并且让这种效果重复出现。每段文字的开头添加了小方格，使内容被分割为几个小组，更便于读者理解。

这个新闻快讯的内页一眼看上去都是密密麻麻的文字，一点喘息的空间也没有，每个内容的标题都与内容紧挨在一起，无法一目了然。

笔者加粗了标题，并设置了段前间距，使其与上一篇文章之间留有空地，与其本身的内容靠近，然后在每篇末尾添加一条装饰线，让板块之间的划分更明显。

这个页面的信息都堆到了一块，没有字体、字号的区别，完全看不出来这个信息的结构。

在根据内容进行设计之前，应将信息分类，然后组合。笔者将同属一类的信息放在一起，然后用行距与其他信息隔开，同类信息中用了不同的字体、字号作为对比。

↘ 1.2.2　配色原则

1.黑白配色原则

　　该页面主要用黑色、白色和灰色来表现，黑和白有强烈的对比关系，而灰是对这两者进行调和，由这3种颜色构成的画面给人一种安静、素雅的感觉，同时还具有很强的时尚感。黑白灰也常用来表达忧郁颓废的情绪或是怀旧的感觉。

2.单色配色原则

画面由棕色的明、中、暗3种色调构成，这就是单色配色。它属于基础配色，初学者很容易掌握，通过调整一个颜色的明度，使其产生颜色的渐变。对于对使用颜色种类有要求的印刷品，用此方法能够做出非常好的效果，信纸设计就经常采用此方法。

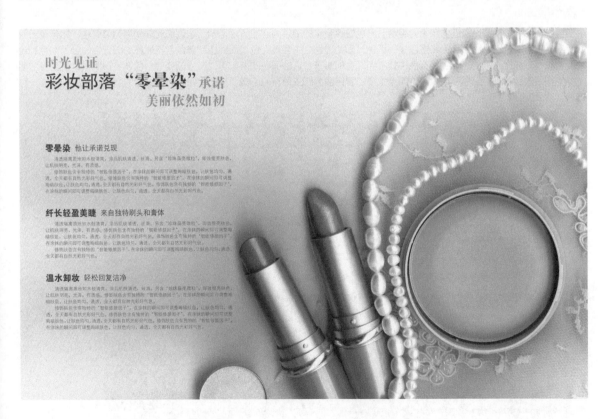

3.中性配色原则

黄色、土黄色、紫色、绿色或银色、金色这类颜色在进行单色设计被称为中性配色，这种颜色给人的感觉是古典、素雅、祥和、沉稳和值得信赖。在页面中，笔者为每张图片填上了一层土黄色，然后将其与图片融合在一起，但又没有丢掉图片本身的色相，页面整体因此而呈现出黄色调，寓意着闹市之中又带有一份祥和。

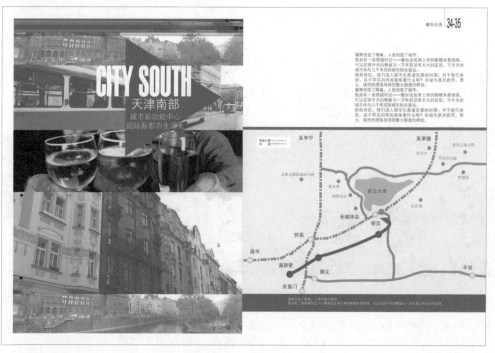

4.类比配色原则

类比配色是指挨得比较近的颜色的组合。颜色由暖至冷的顺序为红橙黄绿蓝紫，它们彼此之间互为邻近色，如果有所跳跃就不能称为邻近色，比如红色和橙色是邻近色，因为橙色之中含有红色，而红色和黄色就不能称为邻近色，因为红色和黄色混合在一起能产生其他的颜色，黄色中找不到红色的影子。这种颜色的搭配可以产生渐变感，色调又很明确，低色彩的对比产生和谐的美感，但用色不能太多，如果太多，容易使人产生色环的感觉。页面中由暖转向偏冷的颜色，向人们传递一种神秘又活泼的情绪。

1.2.3　文字设计

文字是一个版面中不可缺少的元素。文字应用的好坏直接影响出版物的可读性，以及版面的美观程度。要想将文字应用得恰到好处，首先要了解文字的一些基础知识。

1.常见字体分类

（1）双字节字体，如CJK（中、日、韩）。
（2）单字节字体，如罗马字体（英文字体）。

2.字体系列和字体样式（仅限英文字体）

（1）字体系列。展开字体的下拉列表，可以看到，有些英文字体第1个单词相同，后边的单词却不相同，这说明这些字体是一个系列的字体，它们之间既有共同之处，也有一定的区别。这样的字体系列可以用于同一版面中，用来表示不同内容的文字，这样既有统一的风格，相互之间又有变化。

（2）字体样式。选中一款英文字体，即可设置其字体样式。通常需要变斜体的英文，就是在这里设置的，而不是像Word中那样，直接强行倾斜，那样会非常难看。还有一点要注意的就是，中文较少有斜体的用法。
英文的字体样式主要有标准、粗、细、斜等。

3.汉字字体分类

汉字主要分为宋体、仿宋体、黑体、宋黑体、楷体、手写体、美术体7类。不同的字体有不同的用途，希望读者尽可能记忆一下这些字体的应用范围，这对学习本书的案例很有帮助。

字体	特点	应用
宋体	字形方正规整、笔画横细竖粗，棱角分明、结构严谨，整齐均匀 下级分类：粗宋、标宋（大标宋、小标宋）、书宋、报宋	粗宋、标宋多用于标题、广告语等，标宋、书宋等多用于正文
仿宋体	字形娟秀挺拔	诗集短文、标题、引文，古籍正文、引言、注释、图版说明
黑体	字面呈正方形，字形端庄，笔画横平、竖直、等粗，粗壮醒目，结构精密 下级分类：特粗黑、大黑、中黑	标题、重点导语，细黑体统称等线体，可排短文和图版说明 注意问题：该类字体色彩过重，不宜排正文
宋黑体	兼有宋体的典雅美观和黑体的稳重	报刊中的中型标题、广告导语、展览陈列
楷体	字形端正，笔迹挺秀美丽，字体均整	小学课本、少年读物、通俗读物
手写体	无统一风格 下级分类：广告体、POP、海报体、新潮体	应用：广告语、标题等需要醒目的文字 这类字体都比较抢眼，所以，尽量避免在同一版面中过多使用这类字体
美术体	字面较大，有鲜明的风格特征，可增加版面的艺术性	书刊封面，标题 注意问题：不宜排正文

4.全角和半角

（1）什么是全角，什么是半角？

简单来说，全角字符占一个汉字的位置，半字符占半个汉字的位置。

（2）全角和半角是如何产生的？

切换到中文输入法状态下，单击输入法状态栏中的全半角转换按钮，即可在全半角之间切换；另外，输入法状态栏中的中英文切换按钮也经常会用到，其快捷键是Shift，建议读者尝试一下这两个按钮的使用方法。

5.影响字体的重要因素

选择字体时，首先要考虑的问题，就是读者对象的特点，如年龄、性别、行业等。

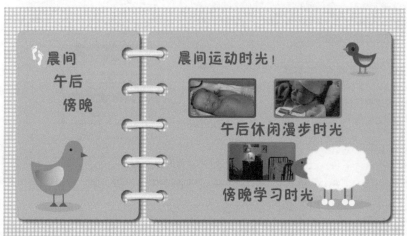

儿童读物

成人读物

6.字体管理

作为版式设计师，必然会用到很多字体，仅英文字体就有上万种，把这些字体都安装在 Windows 的 Fonts 文件夹下，显然是不可能的，不仅增加了系统的负担，还使打开 InDesign 等软件的速度变得很慢，这是因为这些软件在启动的过程中，要载入所有的字体。因此，有效地管理字体，是设计师必须具备的一项技能。笔者常用的方法如下。

（1）用浏览字体的软件快速找到需要的字体。

（2）用第三方软件管理字体，根据需要进行调用，而不是将字体都复制到系统中。

第 02 章

卡片设计——
文字的基础操作

如何做好卡片？

首先要了解卡片持有者的身份、职业及单位，从而确定卡片的设计构思、构图、字体和色彩等。了解卡片的构成要素：标志、图案和文字内容。图案的选择主要是标志或单位所经营的物品，图案主要起到美化版面、推销产品的作用，切勿喧宾夺主。

我们需要掌握什么？

通过设计理论的讲解，好与坏的卡片赏析，使读者掌握设计卡片的理论知识。通过输入文字内容、对齐文字、设置字体、字号等简单基础的操作，掌握设计卡片的方法。

2.1 名片设计

本案例讲解的主要内容是企业名片的制作，企业名片要求版面简洁大方，突出企业形象。本案例使用彩色铅笔作为背景图，以突出企业销售的产品，在背景图上铺上颜色块，能够突出显示文字内容。通过使用文本框、添加文字、设置字体字号等操作，讲解名片的制作过程。

↘ 2.1.1 制作名片

01 文件\新建\文档，设置【页数】为1，【宽度】为90毫米，【高度】为45毫米，不勾选对页，单击【边距和分栏】，设置上、下、左、右的边距为0

02 文件\置入，置入"资源文件\素材\第2章\铅笔.jpg"图片至页面中

03 用【矩形工具】绘制一个矩形，填充颜色为（15，100，100，0），无描边色

04 用【选择工具】选择矩形，在【效果】面板中设置混合模式为"正片叠底"

TIPS 制作知识 置入图片的正确方法

在置入图片时，应将光标放在页面空白处，然后单击完成置入操作，这是比较规范的操作方法。若将光标放在有图片、图形和文字的地方进行置入操作，很容易将置入的对象嵌入到页面的对象中，造成困扰。

05 置入"资源文件\素材\第2章\yes.ai"图片至页面中

06 用【矩形工具】绘制一个矩形，用【椭圆工具】并按住Shift键绘制一个圆形，填充纸色，将两个图形水平居中对齐

07 在页面空白处用【文字工具】拖曳一个文本框，输入"pictures"，设置字体为"Berlin Sans FB Demi"，字号为16点，填充纸色

08 置入"资源文件\素材\第2章\文字信息.txt"至页面中，用【文字工具】选择"彩色堡垒 郭晓敏 行政总监"，设置字体为"方正中等线_GBK"，字号为6点，填充纸色，设置剩余文字的字体为"方正细等线_GBK"，字号为6点，对齐方式为右对齐，填充纸色

↘ 2.1.2 知识拓展

1.印刷知识

（1）名片的常用尺寸。

名片的常用尺寸是 90mm×55mm、90mm×50mm、90mm×45mm。

90mm×55mm   90mm×50mm   90mm×45mm

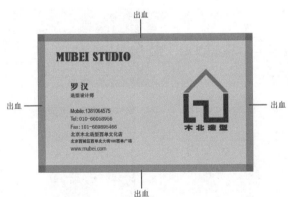

（2）制作名片的注意事项。

名片裁切时会有误差，所以，上下左右要保留 3mm 的出血。

页面内的元素应距离裁切线 3mm 以上，避免裁切时有文字被裁切掉。

在名片中绘制的线条或图形的描边，其粗细尽量在 0.1 点以上，否则，印刷成品会出现断线的情况。

在名片中，图片的色彩模式为 CMYK，不能使用 RGB 模式，RGB 模式的图片不能用于印刷。

2.设计知识

（1）名片文字的设计要求。

名片的文字内容分为两部分：一是主体文字，包括单位名称和名片持有人的姓名；二是次要文字，包括地址、电话、网址和 E-mail 等联系方式。名片尺寸有限，所以，文字内容要简单扼要，信息传递要准确。主体和次要文字在设计时要有所区别，若设计一致会让读者分不清名片内容的主次关系。

文字内容排版要整齐，不要松松散散、杂乱无章。名片使用的字体要规范，非特殊需要不建议使用繁体字。

（2）名片常使用的字体。

名片的文字多采用端庄大方的黑体、中等线体等，不建议使用隶书、楷体和行楷等书法体。

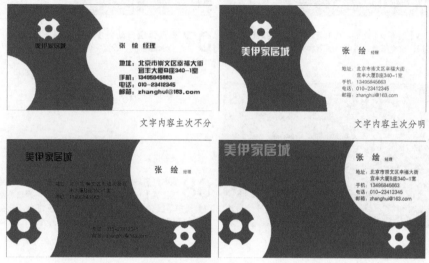

文字内容主次不分　　　　　　　　　　　　文字内容主次分明

文字内容杂乱无章　　　　　　　　　　　　文字内容整齐排列

3.制作知识

（1）描边与填色的常见问题。

对于刚开始使用 InDesign 的读者，在用填色和描边功能时经常会犯这样的错误: 对文字使用填色功能,却怎么也填充不上;对文字使用颜色后，文字糊在一块了。

产生这样的问题是因为在对文字进行填色时，【色板】面板的【描边】按钮在上，所以，对文字进行了描边操作，却没有按照要求对文字填色。将【填色】按钮置于上方并填充颜色，可文字看起来与案例中的不一致。这是因为将【填色】按钮置于上方后没有把描边色去掉的缘故。在对文字设置颜色时，除一些广告口号、特大字号的文字外，不要对文字描边，因为描边的小文字在印刷后很可能不清晰。

（2）置入文本的常见问题。

置入的文本会出现文字紧挨在一起，有颜色或段前、段后间距不正确等情况，解决的办法是，选择文字内容，打开【段落样式】面板，单击【基本段落】清除文字的异常状况。如果单击【基本段落】后，没有清除文字的异常状况，那么再单击【清除选区中的覆盖】按钮。

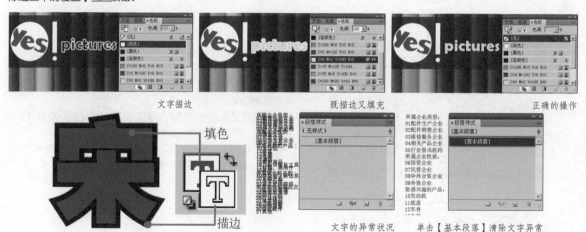

文字描边　　　　　　　　　　既描边又填充　　　　　　　　　　正确的操作

文字的异常状况　　　单击【基本段落】清除文字异常

（3）案例中正片叠底存在的问题。

读者在根据案例讲解进行操作时，会因为没有注意操作的顺序而导致一些问题的出现，譬如，使用正片叠底后，为什么所有对象都是正片叠底的效果？

这是因为读者在没有选中任何对象的情况下进行了正片叠底的操作，从而导致页面中的所有对象都应用了此效果。正确的操作是，先选择对象，然后再进行正片叠底。

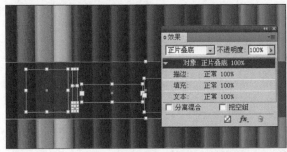

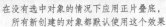

在没有选中对象的情况下应用正片叠底，
所有新创建的对象都默认使用这个效果

选择对象再使用正片叠底效果

（4）常用中文字体一览表（仅为笔者常用字体）。

字样	字体名	字样	字体名
文字的基础操作	书宋	**文字的基础操作**	大标宋
文字的基础操作	中等线	**文字的基础操作**	小标宋
文字的基础操作	细等线	**文字的基础操作**	宋黑
文字的基础操作	大黑	文字的基础操作	报宋
文字的基础操作	黑体	**文字的基础操作**	粗倩
文字的基础操作	准圆	文字的基础操作	中倩
文字的基础操作	细圆	文字的基础操作	细倩

（5）常用英文字体一览表（仅为笔者常用字体）。

字样	字体名	字样	字体名
Adobe InDesign CS5	Arial	Adobe InDesign CS5	Courier New
Adobe InDesign CS5	Arial italic	Adobe InDesign CS5	Century Gothic
Adobe InDesign CS5	Arial Narrow	**Adobe InDesign CS5**	Impact
Adobe InDesign CS5	Arial Black	Adobe InDesign CS5	Palatino Linotype
Adobe InDesign CS5	Times New Roman	Adobe InDesign CS5	Tahoma
Adobe InDesign CS5	Times New Roman italic	Adobe InDesign CS5	Lucida Sans Unicode
Adobe InDesign CS5	Times New Roman bold	**Adobe InDesign CS5**	Berlin Snas FB
Adobe InDesign CS5	Times New Roman italic bold	Adobe InDesign CS5	Bodoni MT
Adobe InDesign CS5	Comic Sans MS	Adobe InDesign CS5	Gill Sans MT
Adobe InDesign CS5	Cooper Std	*Adobe InDesign CS5*	Lucida Galligraphy
Adobe InDesign CS5	Franklin Gothic Book	Adobe InDesign CS5	Minion Pra

2.2 会员卡设计

本案例主要讲解会员卡的制作，关于会员卡的制作工艺，在知识拓展中会有讲解。会员卡版面上放置的信息主要有公司Logo、会员卡号、持有人姓名、会员卡编码等，通过对文字属性的设置，文字描边填色的操作来完成会员卡的设计制作。

↘ 2.2.1 制作会员卡

01 文件\新建\文档，设置【页数】为1，【宽度】为90毫米，【高度】为50毫米，不勾选对页，单击【边距和分栏】，设置上、下、左、右的边距为0

02 文件\置入，置入"资源文件\素材\第2章\花纹.ai"图片至页面中。用【选择工具】选择图片，按住Ctrl+Shift键向图片中心方向拖曳，等比例缩放图片

03 置入"资源文件\素材\第2章\树.ai"图片至页面中，选择图片，按住Ctrl+Shift键等比例缩放图片

04 用【椭圆工具】按照树叶的外形绘制一个椭圆形，填充纸色，不透明度为70%，放在Logo的下方

05 用【矩形工具】在椭圆形下面绘制一个矩形，填充纸色，不透明度为70%，放在Logo下方。对象\角选项，设置【效果】为圆角，【大小】为5毫米

06 用【选择工具】按住Shift键选择椭圆形和圆角矩形，单击【路径查找器】面板中的【相加】按钮

07 输入"晨曦 百货"，设置字体为"汉仪菱心体简"，字号为10点，填充颜色为（65，10，65，0），放在圆角矩形上方

08 输入"5897523447864458"，设置字体为"Konspiracy Theory"，字号为12点，字符间距为660，新建填充颜色为（20，0，0，80），描边色为（0，0，100，0）

09 输入"Tian feifei"和"04-12"，字体、字号和颜色与上一步相同，不设置字符间距

10 在会员卡号和姓名的下方各输入"5897"，在日期左边输入"VALID THRU"，设置字体为"Arial"，字号为6点

2.2.2　知识拓展

1.印刷知识

会员卡的制作工艺

会员卡的正反面可以做成表面光滑，光面卡或普通卡一般打凸码（凸起来的卡号），凸码可以使用烫金或烫银效果，然后加签名条。根据卡的使用需要，有些客户会在卡上加入磁条和条码。会员卡的背景底色可以做成仿金色或仿银色，表面可以做成磨砂、光面或亚面效果，也可以做成磨砂的透明效果或完全通透的效果。

2.制作知识

【字符】面板常用选项如下。

从文字/字符菜单中打开【字符】面板，垂直缩放选项的作用是把文字按照垂直方向拉长。水平缩放选项的作用是把文字按照水平方向压扁。单击面板右侧的向下三角按钮，在弹出的下拉菜单中显示【字符】面板的隐藏选项，直排内横排、分行缩排、着重号、上标和下标等都是文字设置的常用选项。

TIPS 制作知识　如何不通过输入字号数值来微调字号

选中文字，按Ctrl+Shift+<缩小字号，按Ctrl+Shift+>放大字号。

（1）直排内横排。

在进行竖排版时可以看到数字或者英文都是倒置的，这会影响读者阅读。可以通过【直排内横排设置】选项进行调整，将数字或英文横置。

垂直缩放　　水平缩放

01 选中数字"79"，单击【字符】面板右侧的黑色三角按钮，选择【直排内横排设置】

02 勾选【直排内横排】复选框，通过预览可看到数字发生变化

（2）分行缩排。

分行缩排设置可以将同一行中的几个文字分行缩小排放在一起，通常在广告语、古文注释中使用。

01 选择"时尚仔裤"，单击【字符】面板右侧的黑色三角按钮，选择【分行缩排设置】，勾选【分行缩排】复选框，分行【行】数设为2行，【分行缩排大小】为原来的50%，【对齐方式】为居中

02 选中"皮质腰带"，设置与上一步相同

（3）上标和下标。

【上标】和【下标】功能，能够很好地实现对数学公式的排版。

01 用【文字工具】拖曳一个文本框，输入"a23"

02 选择"2"，单击【字符】面板右侧的黑色三角按钮，选择【下标】

03 选择"3"，设置【上标】

04 通过【字符】面板中的【字符间距调整】调整"2"和"3"的间距

（4）着重号。

着重号的作用是醒目提示、重点突出文章中重要的内容。

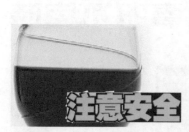

01 用【文字工具】选择文字

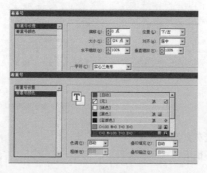

02 单击【字符】面板右侧的向下三角按钮，选择【着重号】，设置【位置】为"下/左"，【字符】为"实心三角形"，设置着重号颜色的填充色为（0，100，0，0）

03 单击【确定】按钮，完成设置着重号的操作

第 **03** 章

宣传页设计——
文字的进阶操作

如何做好宣传单页？

无论是哪一种商业设计，其最终目的都是帮助客户推销产品，促进销售，否则，再漂亮的设计都毫无意义。在设计宣传单页时，要展示具有吸引力的商品，让拿到宣传单的顾客产生拥有此产品的想法。页面设计上要重点突出主要产品，纷乱的页面只会让读者迷惑。页面上的地址、电话和地图要处理得低调一些，避免出现喧宾夺主、核心产品不突出的情况。

我们需要掌握什么？

本章案例主要讲解以文字为主的宣传单页，通过文本框、复合字体、对齐、段落线的设置，以及使用各种色块、字号的变化来处理和完善版面，让读者掌握如何使用各种文字相关选项来处理以文字为主的页面。

3.1 建筑工作室的宣传单页设计

本例讲解的建筑工作室宣传单页以文字设计为主要内容，通过复合字体的设置与应用，让读者掌握中英文混排时设置字体的方法。

↘ 设计师简介
The Designer

马里奥·博塔（Mario Botta）（生于1943）出生在提契诺（Ticino）的门德里西奥（Mendrisio），位于瑞士北部的意大利语区。他先后就读于米兰艺术学院（Liceo Artistico in Milan）和威尼斯大学建筑学院（Instituto Unversitario di Architecturra in Venice）。他与提契诺建筑师提妲·卡洛尼（Tita Carloni）一同工作，得到了最初的工作经验，然后成为勒柯布希耶和路易·康的助手。1969年他在瑞士的卢嘉诺（Lugano）开始了自己的创作实践。

阿尔弗雷多·德·维多（Alfredo De Vido）（生于1932）1956年在普林斯顿获得建筑美学硕士学位，然后供职于"Seabees"（美国海军工程部），期间在日本厚木市（Atsugi）建造了许多住宅，为此受到了日本当地政府的赞扬。后来他进入哥本哈根的皇家艺术学院（Royal Academy of Fine Arts），并获得城镇规划专业毕业证书。20世纪60年代，他供职于建筑师联合事务所（Architects Collaborative）设在意大利的工作室，而后在美国为马歇尔·布劳耶工作。

简·皮耶罗·费西尼里（Gian Piero Frassinelli）（生于1939）在佛罗伦萨建筑学院学习建筑，在那里他积极地参加学生运动。在他1968年毕业时，整个学院都被学生占领了。他对建筑的兴趣被对人类学和政治学的兴趣所弱化。他于1968年加入超工作室（Superstudio group），后来成为其中的一名建筑师。从20世纪70年代早期开始，他对意大利的居住建筑和建造方法产生了兴趣。他作为自由职业人的许多工作都与旧建筑复建，以及一些社会性住宅项目有关。

精美的柏林建筑辞典每个例举的建筑均有完整的细节和详细的介绍

↘ 3.1.1 设置和应用复合字体

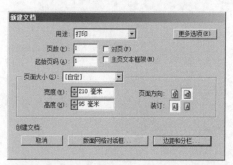

01 文件\新建\文档，设置【页数】为1，【宽度】为210毫米，【高度】为95毫米，不勾选对页

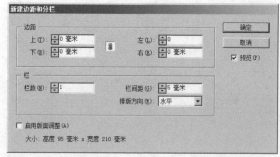

02 单击【边距和分栏】，设置上、下、左、右的边距为0

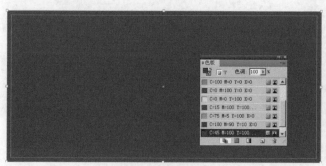

03 用【矩形工具】绘制背景图，在【色板】面板中新建颜色，数值为（45、100、100、0），填充背景图

04 用【钢笔工具】绘制箭头图形

05 设置描边为3点，颜色为（45，100，100，0），色调为65%

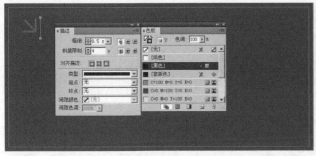

06 用【直线工具】绘制一条垂直直线，设置描边为0.5点，颜色为黑色

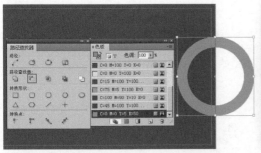

08 窗口\对象和版面\路径查找器，在【路径查找器】面板中单击 ▣ 按钮，使两圆相减，填充颜色为（0，0，0，50），将图形放置在页面的右侧

07 用【椭圆工具】绘制两个大小不一的圆形，水平垂直居中对齐

09 用【文字工具】拖曳一个文本框，输入"设计师简介"和"The Designer"。在【字符】面板中分别设置中文字体为方正黑体_GBK，字号为24点；英文字体为Arial，字号为12点，颜色均为（0，0，0，50）

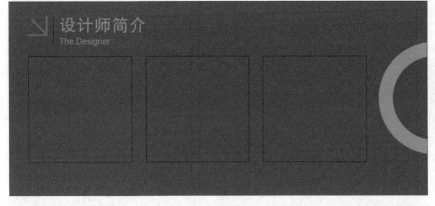

10 用【矩形工具】在页面空白处单击，设置【宽度】和【高度】为52毫米，将图形进行复制并粘贴两次，水平摆放在页面中

11 文件\置入，置入"资源文件\素材\第3章\设计师简介.txt"文件，把 移动到第1个方框内，单击置入文本

12 用【选择工具】选择文本框，单击右下角的溢流图标，将 移动到第2个文本框中。按照上述操作再进行一次，此时3个方框中都填充了文字内容

资源下载验证码：70654

TIPS　制作知识　去掉置入文本时的网格

在置入文本时，【置入】对话框的下方有3个选项，分别是显示导入选项、应用网格格式和替换所选项目。在默认情况下，应用网格格式和替换所选项目处于被勾选状态，没有取消应用网格格式而单击【打开】按钮，所置入的文本会带有网格，不宜于浏览和操作。没有取消替换所选项目，页面中被选择的对象会被置入的对象所替换。所以，通常在置入文本或图片时，建议取消勾选这两项。

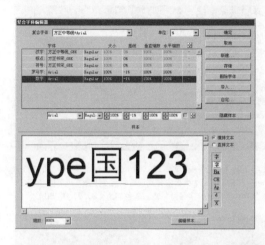

13 文字\复合字体，单击【新建】按钮，输入名称为"方正中等线+Arial"。设置【汉字】字体为方正中等线_GBK，【标点】和【符号】字体为方正书宋_GBK，【罗马字】和【数字】字体为Arial。在对话框下方的【缩放】下拉列表中选择800%，单击【全角字框】按钮，调整罗马字和数字的基线为 - 1

14 选择【文字工具】，将光标插入到文本框中，按Ctrl+A键全选文字内容，设置字体为"方正中等线+Arial"，字号为8点，行距为12点，文字颜色为纸色，文本框描边为0

TIPS　制作知识　正确地为复合字体进行命名

在新建复合字体时，建议使用中文＋英文命名法为复合字体命名，例如，中文使用方正书宋_GBK，英文使用 Times New Roman，则复合字体命名为"方正书宋_GBK+Times New Roman"，这样即使复合字体丢失了，也能从名字中找到类似的字体进行替换。另外，在设置复合字体前，如果读者对字体不了解，可以在【字符】面板中单独设置中文和英文的字体，观察两者用哪种字体搭配比较好看，选定字体后再进行复合字体设置。

15 调整文本框大小。选择【选择工具】并按住Shift键不放，连续选择3个文本框。在控制面板中单击 ▣ 按钮，使其为链接状态，设置【高度】为51毫米，按Enter键

设计师简介
The Designer

马里奥·博塔（Mario Botta）（生于1943）出生在提契诺（Ticino）的门德里西奥（Mendrisio），位于瑞士北部的意大利语区。他先后就读于米兰艺术学院（Liceo Artistico in Milan）和威尼斯大学建筑学院（Instituto Unversitario di Architecturra in Venice）。他与提契诺建筑师提娅·卡洛尼（Tita Carloni）一同工作，得到了最初的工作经验，然后成为勒柯布希耶和路易·康的助手。1969年他在瑞士的卢嘉诺（Lugano）开始了自己的创作实践。

阿尔弗雷多·德·维多（Alfredo De Vido）（生于1932）1956年在普林斯顿获得建筑美学硕士学位，然后供职于"Seabees"（美国海军工程部），期间在日本厚木市（Atsugi）建造了许多住宅，为此受到了日本当地政府的赞扬。后来他进入哥本哈根的皇家艺术学院（Royal Academy of Fine Arts），并获得城镇规划专业毕业证书。20世纪60年代，他供职于建筑师联合事务所（Architects Collaborative）设在意大利的工作室，而后在美国为马歇尔·布劳耶工作。

简·皮耶罗·费西尼里（Gian Piero Frassinelli）（生于1939）在佛罗伦萨建筑学院学习建筑，在那里他积极地参加学生运动。在他1968年毕业时，整个学院都被学生占领。他对建筑的兴趣被对人类学和政治学的兴趣所弱化。他于1968年加入超工作室（Superstudio group），后来成为其中的一名建筑师。从20世纪70年代早期开始，他对意大利的居住建筑和建造方法产生了兴趣。他作为自由职业人的许多工作都与旧建筑复建，以及一些社会性住宅项目有关。

精　美　的　柏　林　建　筑　辞　典　每　个　例　举　的　建　筑　均　有　完　整　的　细　节　和　详　细　的　介　绍

16 置入"资源文件\素材\第3章\宣传语.txt"文件至空白处，设置字体为"方正中等线+Arial"，字号为6点，字符间距为1800，文字颜色为纸色

TIPS 制作知识　为什么缩小视图后，文字都是灰色的色块？

　　在设置文字字号时，如果字号太小，在适合窗口大小浏览的情况下，文字会呈灰条化显示。编辑\首选项\显示性能，设置【灰条化显示的阈值】为2点，单击【确定】按钮，则在适合窗口大小浏览的情况下，较小文字也会实际显示，这样可以准确地把握文字效果。

↘ 3.1.2 知识拓展

1.印刷知识

（1）宣传单页的常用尺寸。

宣传单页常用尺寸是 210mm×285mm。

（2）设置背景色的技巧。

在设置背景色时，笔者通常会避开 K 值，即黑色值。例如，C=0，M=100，Y=100，K=0 为红色，若将其变为深红色，笔者通常会设置 C 值，而不是设置 K 值。不设置 K 值的好处是文字与背景颜色不在同一张菲林片上，如果发现文字有错误，可以单独出一张菲林片，而不必出 4 张菲林片，从而节约成本。

将制作文件送交输出公司时，如果制作的文件是彩色的，会输出 4 张菲林片，即 C、M、Y、K。制作文件中所用到的颜色都会自动归类到 CMYK 中，黑色文字，通常设置为（0，0，0，100），如果其他颜色都没有 K 值，那么 K 菲林片上只有黑色文字，在检查菲林片时，如果发现文字有错误，很容易修改。

2.设计知识

（1）为什么要用复合字体。

读者在使用中文字体和英文字体时可以发现两者是有区别的，中文字体可以用在英文上，而英文字体用在中文上会出现乱码或空格，这是因为中文常用的汉字有数千个，而英文则只有 26 个字母，所以，在开发字体时，英文要比中文容易，英文只需设计 26 个字母。中文字体开发难度较大，目前常用的是汉仪和方正等，英文字体则多种多样。

在设计过程中，如果把中文字体直接用在英文上，往往不如使用英文字体更好看。通过 InDesign 的复合字体功能则可以让中英文采用不同的字体。在涉及中英文混排的设计时，通常会采用复合字体设置字体，而不是直接使用中文字体。

无复合字体

（2）为何将案例中的文本拆分为 3 栏。

第一，便于阅读，如果使用通栏排版文字，读者必须来回扭动着脖子才能从左到右，从头至尾把文章阅读完，而将文本分为 3 栏，读者可以在固定的视角中把文章阅读完，避免阅读疲倦。

第二，版面美观。如果使用通栏排版文字，会使版面呆板无变化，而巧

采用复合字体

妙地把文本框拆分为 3 块，则可以加强文字的凝聚力，将读者的目光第一时间吸引到文字中来，版面上也比较规整和统一。

通栏效果　　　　　　　　　　　　3栏效果

3.制作知识

（1）如何解决字体丢失问题。

丢失字体情况有两种：普通字体和复合字体。

如果计算机中没有某个文件所使用的字体，那么打开这个文件时会弹出【缺失字体】对话框，而缺失的字体会铺上一个粉色块。

解决方法为：文字 \ 查找字体，在【文档中的字体】下拉列表中选择带有 ⚠ 图标的字体（表示该字体缺失），在【字体系

列】下拉列表中选择相应的字体，单击【全部更改】按钮，则完成替换缺失字体的操作。

复合字体丢失情况有两种，一是目前正在使用的计算机中没有文件中设置复合字体的原始字体，二是莫名其妙出现丢失复合字体，InDesign CS2 偶尔会出现这样的情况。

第一种情况的解决方法是，将复合字体使用的原始字体复制到目前正在使用的计算机中，进行安装。

安装方法为：把使用的原始字体复制到"C 盘 \Windows\Fonts"文件夹中。

第二种情况的解决方法是，建立一个规范的操作流程。首先设计总监将设计时所有用到的复合字体都放在一个 indd 文件内，存放在共享文件中，然后有需要的同事可以从这个文件中导入复合字体。

导入复合字体的方法为：文字 \ 复合字体，单击【导入】，选择文件路径，单击【打开】。

设计总监 → 复合字体文件

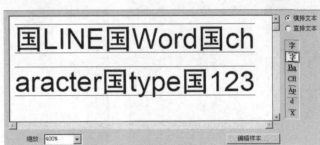

（2）如何设置中英文的基线。

有时，中文与英文的基线不在同一水平线上，注意观察可发现英文偏高，使得版面不协调，通过【复合字体编辑器】面板的【全角字框】⚏ 按钮可以调整中英文基线，笔者通常调整英文基线，使中英文基线在同一水平线上。

有些中英文字体无法调至同一水平线上时，尽量让英文在中文的水平居中位置上。

（3）如何在 InDesign 中更改单位。

在 InDesign 中，默认的文字和描边单位为点，缩进和标尺单位为毫米，读者可以根据自己的习惯对单位进行更改。单位更改方法为：编辑 \ 首选项 \ 单位和增量，在【首选项】对话框中可以调整文字、线、标尺和间距的单位。

3.2 汽车展销会宣传单页

本例讲解的汽车展销会宣传单页是以文字设计为主要内容，通过段落线和项目符号等基础工具的使用，表现出文字的层级和关系。

3.2.1 制作段落线

本小节主要讲解通过段落线的巧妙运用为文字内容起到修饰的作用并突出文字信息，操作简单、修改方便。

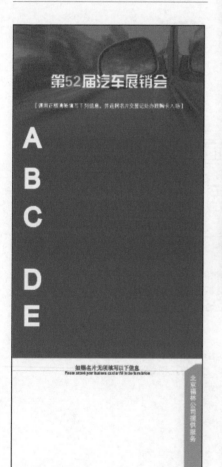

01 打开"资源文件\素材\第3章\3-2汽车展销会单页.indd"文件

  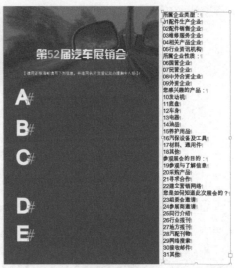

将文字置入到图中　　　　　　　　正确的置入方法

02 置入"资源文件\素材\第3章\中文说明.txt"文件到页面中，选择【文字工具】，将文字光标插入到文本框中，按Ctrl+A键全选文字内容，设置字体为方正中等线_BGK，字号为6点，文字颜色为纸色

TIPS 制作知识 如何避免将文字误置入图中

置入文本时，应将加载着文字的光标放在页面空白处，然后单击完成置入操作。不要用加载着文字的光标直接单击有背景图或色块的地方，容易将文字置入到其中。

 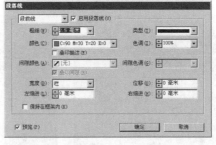

03 设置小标题。用【文字工具】选择"所属企业类型"，设置字体为方正黑体_GBK，字号为7.5点，段前间距为3，段后间距为1

04 设置段落线。单击【段落】面板右侧的向下三角按钮，选择段落线。勾选【启用段落线】复选框，设置【粗细】为2.5，【颜色】为（90，30，20，0），【宽度】为栏，其他保持默认设置

TIPS 制作知识

在设置段落线的颜色时，【颜色】下拉列表中只有【色板】面板的默认颜色，若想选择其他颜色，则需要提前在【色板】面板中设置好，才能在段落线【颜色】下拉列表中选择。

TIPS 制作知识

要清除【吸管工具】当前所具有的格式属性，可在【吸管工具】处于❤状态时，按Alt键。【吸管工具】光标变为❤时，表示可以选取新属性。

05 选择【吸管工具】，单击设置好文字属性的小标题，当光标变为❤时，使用【吸管工具】选择小标题

Business secor of the company:
Manufacture of parts
Sale of parts
Services repair
Interrelated product
Information organization

07 设置英文小标题，字体为Times New Roman，样式为Bold，字号为7点，段前间距为3，段后间距为1

Business secor of the company:
Manufacture of parts
Sale of parts
Services repair
Interrelated product
Information organization

08 设置段落线，【粗细】为2.5，【颜色】为（0，20，100，0），【宽度】为栏，位移-0.15，其他保持默认设置

TIPS 制作知识 使用什么样的字体才符合印刷要求？

在设计制作的过程中，通常不会使用系统自带的字体，如宋体、楷体和隶书等，而是使用带有前缀名称的字体，如方正书宋简体、汉仪中等线简等。如果使用 Windows 自带的系统字体或是从网上下载的花体中文字，输出时有可能会出现字体丢失的情况。

06 置入"资源文件\素材\第3章\英文说明.txt"文件，将文字光标插入到文本框中，按Ctrl+A键全选文字内容，设置字体为Times New Roman，字号为6点，文字颜色为纸色

09 用【吸管工具】吸取英文小标题，然后应用到其他标题上

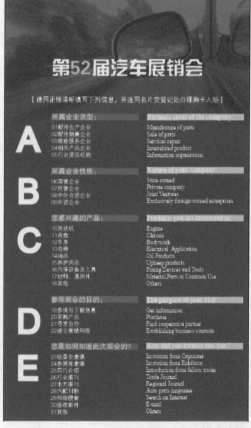

10 调整英文行距，使其与中文对齐。设置标题2和3的段前间距为3.2毫米，标题4为3.4毫米

TIPS 制作知识 对齐方式的运用

广告中文字的对齐方式灵活多变，不拘泥于一种文本对齐方式，常用到的是左对齐、右对齐和居中对齐。本例标题为居中对齐，内容为左对齐。

文字较多的书籍、报纸、公文等，一般使用双齐末行左齐。

↘ 3.2.2 设置项目符号

为什么不直接使用【矩形工具】绘制方形摆放在文字信息前，而要设置项目符号呢？

使用项目符号的好处是方便，不用一一绘制图形，通过简单的操作就能完成要求。删除修改文字信息时，图形是随文走的，不用再对齐，这样可以省去很多不必要的麻烦。

01 用【文字工具】选择小标题下的文字信息

02 单击【段落】面板右侧的向下三角按钮，选择项目符号和编号，设置【列表类型】为项目符号，单击【添加】按钮，选择空心方框，在【项目符号字符】中选择空心方框，【制表符位置】为4

TIPS 制作知识

取消项目符号和编号的方法：选择需要取消的文字信息，单击【段落】面板右侧的向下三角按钮，在弹出的下拉菜单中选择项目符号和编号，在【列表类型】下拉文本框中选择无，则可以取消项目符号和编号。

03 用【吸管工具】吸取设置好项目符号的文字属性，然后到其他文字信息中

04 按照上述操作方法为英文小标题设置项目符号，然后应用到其他文字信息中

↘ 3.2.3　设置下画线

设置下画线的好处与段落线相同，便于修改与对齐。

01 置入"资源文件\素材\第3章\填写信息.txt"文件，设置中文字体为方正中等线_GBK，字号为6点，英文字体为Times New Roman，字号为5点，段后间距为1

02 在"姓名"后面插入文字光标，输入多个空格，选择输入的空格，单击【字符】面板右侧的向下三角按钮，选择下画线

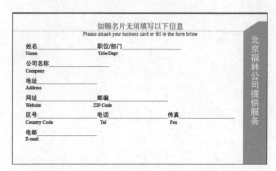

03 复制下画线，粘贴到每个中文信息的后面，在英文信息之间输入空格，使其能够与中文信息对齐

04 在每行下画线的后面输入空格，使下画线能统一对齐

↘ 3.2.4　知识拓展

1.设计知识

如何使正文与标题有所区别？

设计师在创建宣传单页时，首先会去了解文字内容，知道文字之间的相互关系，知道应该突出哪些信息，弱化哪些信息，从而构思画面结构。在制作汽车展销会宣传单页时，页面信息都建立在一个深色背景上，由于页面尺寸限制，文字信息都凑在一块，如果没有在标题上设计一个颜色块，那么从页面中无法看出它们之间的关系，而为标题添加颜色块之后，整个页面的效果则比不添加修饰只改变文字大小粗细要好得多，而且对标题增加了对比效果，并且让这种对比重复出现。

2.制作知识

（1）设置段落线的好处。

为标题添加色块作为修饰，常用的方法是用【矩形工具】绘制矩形，填充颜色，然后放置在标题下方。这种方法既费时又费力，需要将文字与图形对齐，若标题是随文本流的，删除了前一段文字，标题会自动往上走，而色块并不会跟着移动，还需要手动将标题与色块再对齐。设置了段落线的好处则是在对文字内容进行修改或删除时，色块都会跟着标题一起移动。

（2）快速设置和应用样式的技巧。

使用【吸管工具】可以快速复制文字属性（如字符、段落、填色和描边设置），使用方法有两种。

一是将文字属性复制到未选中的文本。

使用【吸管工具】✒单击需要复制的文字属性。吸管指针会呈反转方向，并呈现填满状态✒，表示它已载入了所复制的属性。将吸管指针放置到文本上方时，已载入属性的吸管旁会出现一个I型光标✒。用【吸管】工具选择要更改的文本，选定的文本即会具有吸管所载属性。

二是将文字属性复制到选中的文本。

用【文字工具】选择需要被设置属性的文本。用【吸管工具】单击需要从中复制属性的文本（需要从中复制属性的文本必须和需要更改的文本在同一 InDesign 文档中）。【吸管工具】将反转方向并呈现填满状态✒，表示它已载入了所复制的属性。这些属性将应用于被选择的文本。

3.3 报纸广告设计

　　读者在设计报纸广告时应注意，尽量不要设置 6 点以下的小文字，若设置小文字，字体也应尽量使用横竖笔画粗细都一致的中等线类字体，因为报纸所用纸张的限制，所以，输出时分辨率都较低，若使用小文字很容易看不清文字信息，特别是使用横细竖粗的宋体类字体。压在颜色块上的文字尽量使用单色，若使用四色文字容易造成套印不准。

↘ 3.3.1　图片效果的简单设计

　　报社每季都会发布报纸广告招商信息，各商家进行投标，报纸广告分类有中缝广告、豆腐块广告、半版广告、整版广告等，例如，商家若投中半版广告，则报社会将半版广告的尺寸告诉商家，商家再根据尺寸进行设计，设计完成后，将源文件或菲林片交付报社进行拼版输出，本小节将以制作半版报纸广告为例，讲解半版报纸广告的新建方法、图片摆放方法及效果设计。

01 文件\新建\文档，设置【页数】为1，去掉【对页】的勾选，【宽度】为240毫米，【高度】为169毫米，上、下、左、右的出血为0，单击【边距和分栏】按钮，设置上、下、左、右的边距为0。置入"资源文件\素材\第3章\底图.psd"文件

02 用【直线工具】绘制几条斜线，粗细为0.5点，颜色为纸色

TIPS 印刷知识　为什么报纸 广告不设置出血?

　　通常在制作商业设计时都会设置 3 毫米的出血，为什么在设置半版广告的页面时没有设置出血呢？因为完成设计作品时，还需要送到报社，将设计好的广告拼在指定的位置上，为了避免发生错误，所以在设置页面时，将出血设置改为 0。只要按照报社提供的尺寸进行设计即可，尺寸不能大也不能小。

03 设置线条的效果。选择线条，单击【效果】面板右侧的向下三角按钮，选择"效果\外发光"

04 用【钢笔工具】按照线条交叉得到的图形绘制一个闭合的图形

TIPS 制作知识 为什么用直线工具绘制的线不见了?

这个问题通常是因为读者误改了默认设置，描边设为"0毫米"或颜色设为"白色""无"，导致绘制的直线显示不出来。

05 用【选择工具】选择绘制好的图形，置入"资源文件\素材\第3章\都市街景.tif"文件，置入时勾选【替换所选项目】复选框，则图片自动置入到图形中。用【直接选择工具】选择图片，调整图片在图形框中的显示位置，描边为0

06 用【矩形工具】在图片的下方绘制一个黑色矩形

↘ 3.3.2 文字效果的简单设置

标题与标题之间有主次之分，可以通过设置字号的大小来区分标题之间的主次关系，标题使用相同颜色，则又能表现出它们是一个整体，使标题设计中既有整体的统一又有细节的区别。适当地为标题添加一些效果，能为整个设计添加一些亮点，本例为标题设置了投影效果，为宣传口号设置了有金属质感的渐变效果，使平凡的文字增添了几分设计感。

01 置入"资源文件\素材\第3章\房地产标题.txt和房地产内文.txt"文件到页面中

02 设置中文标题的字体为方正大标宋_GBK，字号为12点，颜色为（5，30，80，0），英文标题的字体为Times New Roman，样式为Bold，字号为18点，颜色为（5，30，80，0）

03 设置文字投影效果。单击【效果】面板右侧的向下三角按钮，选择"效果\投影"，设置【距离】为1，【大小】为1

04 设置房地产内文的字体为方正中等线_GBK，字号为9点，行距为14点，颜色为纸色

05 分别输入房地产宣传口号"交通便利""设施齐全""环境优美""金融中心街""价格低廉""黄金地段"和"绿色环保"，按照输入的顺序摆放在黑色矩形的水平居中位置上，并设置字体为方正综艺_GBK，"金融中心街"的字号为22点，其他均为12点

06 设置文字渐变色。在【渐变】面板中设置【类型】为线性，左右两边的滑块颜色为纸色，在渐变条的中间添加两个滑块，前一个滑块颜色为（0，0，0，80），后一个滑块颜色为（0，0，0，70）

07 用【文字工具】选择宣传口号内容，单击【渐变】面板的渐变填充按钮，使文字应用渐变色。选择【渐变工具】，在文本框中由上至下拖曳鼠标，改变渐变色的渐变方向

08 根据上述操作将剩余的宣传口号都应用上相同的渐变色

TIPS 设计知识　如何保持渐变方向的一致性？

　　上述操作中是通过手动拖曳鼠标来调整每组文字的渐变方向，精确度不够高。保持渐变方向一致性的方法是（1）设置一组文字的字体、字号和渐变色，然后将其复制粘贴，在复制的文本中插入文字光标，输入新的内容，这样既可保证渐变方向的统一，还可以避免重复操作的麻烦；（2）通过【吸管工具】也可以保持渐变方向的一致性。

第 **04** 章

宣传册设计——
样式的设置

如何做好宣传册？

宣传册的尺寸和版式编排非常重要，很多行人在拿到一张递过来的宣传册后又马上扔进垃圾桶里，其中的一个原因就是它不方便携带。因此，我们在设计宣传册时需要考虑如何将一张纸设计成为一本便于携带的小册子。

匆忙的上班族通常只会随手翻阅一下宣传册，如何在这短暂的时间里把宣传册中的重要信息传递出去呢？关键是要减少不必要的信息，设计时只需一张非常漂亮的图片，配上细等线类的字体，使得标题简洁而且醒目，再配上简单的文字信息，这样的设计非常适合匆匆忙忙的读者阅读。

我们需要掌握什么？

通过段落样式、字符样式和嵌套样式的练习，使读者掌握提高工作效率的方法，这也是一种规范的操作方式。

4.1 旅游宣传折页

　　本案例主要讲解旅游宣传折页的制作，为旅游宣传折页挑选的图片要突出景点的风土人情，内容安排上首先是整体介绍，然后是景点的文化历史介绍，接下来是风景名胜—自然景观—风土人情—特产小吃—旅游路线推荐—旅游交通食宿推荐。本案例以苏州的特色建筑物作为背景，整个折页采用灰色调，小部分使用红色，以打破灰色带来的沉闷。通过使用置入、复合字体、段落样式等设置，完成旅游宣传折页的制作，本案例重点讲解的知识为段落样式的设置。

↘ 4.1.1 置入文件

01 打开"资源文件\素材\第4章\4-1\4-1旅游宣传折页.indd"文件

　　在置入文本时，不要勾选【显示导入选项】【应用网格格式】和【替换所选项目】这3个复选框。

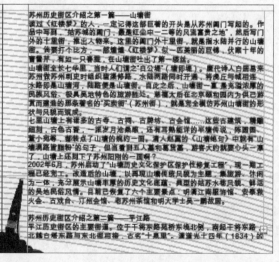

02 文件\置入，置入"资源文件\素材\第4章\4-1\苏州景点介绍.txt"文件，当光标变为时，在文字起点处沿对角线方向拖曳文本框，置入文本

4.1.2 串接文本

 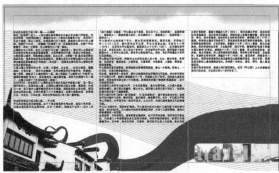

01 单击文本框右下角的红色加号（＋），拖曳鼠标绘制文本框并置入文本

02 继续上一步的操作，直到不显示红色加号（＋）为止

4.1.3 段落样式的设置和应用

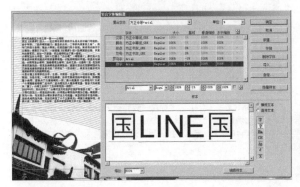 

01 文字\复合字体，单击【新建】按钮，输入名称为"方正中等线+Arial"。设置【汉字】字体为方正中等线_GBK，【标点】和【符号】字体为方正书宋_GBK，【罗马字】和【数字】字体为Arial，调整罗马字和数字的基线为-1

02 在文本框中插入文字光标，按Ctrl+A键全选文字内容，应用复合字体，设置字号为10点，行距为18点

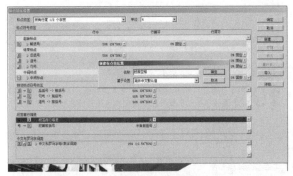 

03 文字\标点挤压设置\基本，单击【新建】按钮，设置名称为"段前空格"，基于设置为"简体中文默认值"

04 单击【确定】按钮，设置段落首行缩进为2个字符

TIPS 设计知识 使用标点挤压的好处

　　在InDesign中，设置段前空格的方法有两种，一是本节介绍的标点挤压设置法；二是首行左缩进设置法，即根据两个字的宽度，在【段落】面板中设置首行左缩进的参数。使用首行左缩进的缺点在于，不会随着字号的改变而改变缩进的距离，如果正文的字号由10点改为11点，那么又需要重新调整首行左缩进的距离。使用标点挤压的好处在于，能够精确地空出两个字符的宽度，并且能够随着字号的改变而改变缩进的距离。

05 单击【存储】按钮，再单击【确定】按钮，则完成标点挤压的设置

06 在文本框中插入文字光标，打开【段落样式】面板，单击面板右侧的三角按钮，选择新建段落样式，在【样式名称】文本框中输入"正文"

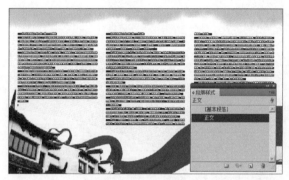

07 单击【确定】按钮，全选文字，单击【段落样式】面板中的"正文"样式，完成应用样式的操作

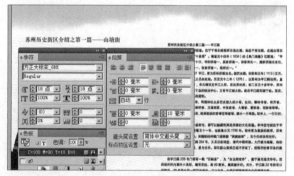

08 用【文字工具】选择标题"苏州历史街区介绍之第一篇——山塘街"，设置字体为"方正大标宋_GBK"，字号为18点，段后间距为10毫米，标点挤压设置为无，填充色为（100，90，10，0）

09 在文本框中插入文字光标，在【段落样式】面板中新建段落样式，命名为"标题"，设置基于为"基本段落"

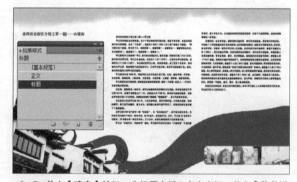

10 单击【确定】按钮，在标题中插入文字光标，单击【段落样式】面板中的"标题"样式，完成应用样式的操作

11 在标题"苏州历史街区介绍之第二篇——平江路"中插入文字光标，单击【段落样式】面板中的"标题"样式

TIPS 制作知识 设置样式的技巧

在设置样式时，笔者通常会先设置占篇幅比较多的内容，如正文。设置完正文样式后，全选文字内容应用正文样式；然后分别设置各级标题，应用标题样式，这样做的好处是，不需要对每段文字内容进行样式应用，节省了操作时间。

12 置入"资源文件\素材\第4章\4-1\圆形.ai"图形，在页面空白处单击置入图形，将图像移至标题位置

13 选择图形，按住Alt键和鼠标左键不放，拖曳图形。按照此方法再操作一次，则将一个圆形复制成为3个圆形。选择3个圆形，连续按Ctrl+【键，直到图形置于文字下方为止

TIPS 制作知识

本案例讲解样式的新建方法是，通过【字符】面板和【段落】面板先设定文字的属性，然后再通过【段落样式】新建样式，这种方法比较直观，适合对文字属性还不太了解的读者使用。也可以通过【段落样式】面板直接新建样式，因为【段落样式】中包含了【字符】面板和【段落】面板的所有选项，适合经验较丰富的读者使用。在使用前一种方法新建完样式之后，还需要重新选择内容，应用新建的样式。

TIPS 制作知识 如何选取叠放在一起的对象中下面的对象

按 Ctrl 键，用【选择工具】在最上面的对象上单击一下，即可选取放在第二层的对象；再单击一下，则可选取第三层的对象……依此类推，直至选取底层的对象后，再单击一下，则又回到顶层的对象上。

14 按照上述方法，用圆形修饰第2个标题

4.1.4 知识拓展

1.设计知识

在设计本案例的旅游宣传折页时，考虑到苏州的建筑特点，折页的主色调采用了黑、灰、白。制作完后，苏州景点的特点得到了充分体现，但这个折页却让人感觉有些压抑、平淡无味，就像一个黑白稿。笔者在页面中添加了一些红色元素，即有笔触感觉的红色圆形，从小阁楼后方飘出来的红色绸缎，这些修饰都起到了画龙点睛的效果，让画面更丰富。

2.制作知识

（1）串接文本。

当一段较长的文字需要放置在多个文本框中，并需要保持它们的先后关系时，可以使用 InDesign 的串接文本功能来实现，在框架之间连接文本的过程称为串接文本。

每个文本框都包含一个入口和一个出口，这些端口用来与其他文本框进行连接。空的入口或出口分别表示文章的开头或结尾。端口中的箭头表示该文本框架链接到另一文本框架。出口中的红色加号 (+) 表示该文章中有更多要置入的文本，但没有更多的文本框架可放置文本。这些剩余的不可见文本称为溢流文本。

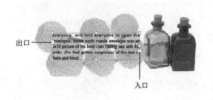

出口

入口

文本串接

指示与上一个框架
串接关系的入口

指示与下一个框架
串接关系的出口

溢流文本

① 自动文本串接。

文件\置入，选择置入的文档，单击【打开】按钮，按住 Shift 键，当光标变为"⬛"时，单击页面，则文字全自动灌入页面中。

文件\置入，选择置入的文档，单击【打开】按钮，按住 Alt 键，当光标变为"⬛"时，单击只排入当前页面，若文字没有全部排完，则继续单击排入下一页面。

② 手动文本串接。

向串接中添加新文本框：用【选择工具】选择一个文本框，然后单击出口或入口，当光标变为"⬛"时，拖曳鼠标以绘制一个新的文本框。

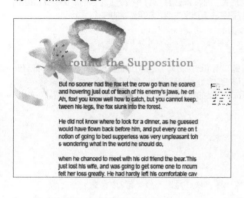

使两个文本框串接在一起：用【选择工具】选择一个文本框，然后单击出口或入口，将光标移动到需要连接的文本框上，当光标变为"⬛"时，单击该文本框，则两个文本框串接在一起。

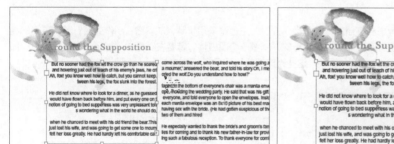

断开两个文本框之间的串接：双击前一个文本框的出口或后一个文本框的入口。两个文本框架间的线会被除去，后一个文本框中的文本会被抽出并作为前一个文本框的溢流文本。

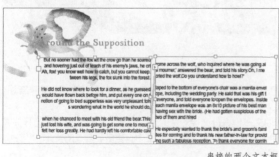
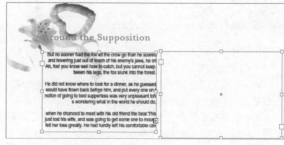

串接的两个文本框

断开串接的效果

将两个文本框之间的文本串接断开，后一个文本框的文本继续保留在文本框中，此种断开文本串接的方式需要借助 InDesign CS4/CS5 自带的脚本。

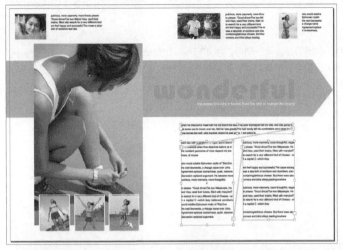

01 用【选择工具】选择串接的文本框

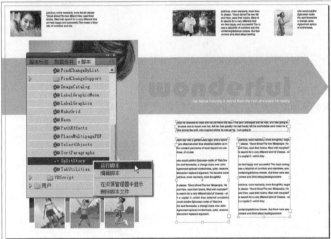

02 窗口\显示全部菜单项目\自动\脚本，依次打开"应用程序\Samples\JavaScript\SplitStory"，单击鼠标右键，选择运行脚本，原来串接的文本自动断开

TIPS 制作知识 如何断开指定的文本串接

在排版过程中，经常会遇到文本串接过长的情况，在修改时，总会因为多字、少字，而使整个文档的文字"串版"，为了避免这样的问题，建议在排版时，以章或节为单位，断开文本串接，这需要借助第三方脚本实现，下面以 DivideStory 为例进行讲解（本书配套资源文件不提供此脚本）。

01 这是一段串接文本，需要从中间断开，前两个是一部分，后两个是另一部分

02 安装 DivideStory，窗口\自动\脚本，单击第3段文字，然后在【脚本】面板的 DivideStory 上单击鼠标右键，选择【运行脚本】

（2）标点挤压。

在中文排版中，通过标点挤压控制汉字、罗马字、数字、标点等之间在行首、行中和行末的距离。标点挤压设置能使版面美观，例如，在默认情况下，每个字符都占一个字宽，如果两个标点之间的距离太大，会显得稀疏，在这种情况下需要使用标点挤压。下面将对有关标点挤压的知识进行详细讲解。

①标点挤压设置的分类。

在 InDesign 中，标点分为 19 种，它们是前括号、后括号、逗号、句号、中间标点、句尾标点、不可分标点、顶部避头尾、数字前、数字后、全角空格、全角数字、平假名、片假名、汉字、半角数字、罗马字、行首符、段首符。它们分别包括以下内容。

前括号：（ [{ 《 < ' " 「 『 【 〔

示例：请寄像质优良的彩扩片或彩色反转片（照片请加硬纸衬背，以防折损）。

后括号：〕 】 』 」 》 }]) 》 ' "

示例：海内存知［已］，天涯若比邻。

逗号：、，

示例：童年的往事，无论是苦涩的，还是充满欢乐的，都是永远值得回忆的。

句号：。．

示例：中国是世界上历史最悠久的国家之一。

计算所得的结果是 48%。

中间标点：：；

示例：同志们：第十六届体育运动大会现在开幕。

句尾标点：！？

示例：这里的风景多美啊！

不可分标点：── …

示例：亚洲大陆有世界上最高的山系──喜马拉雅山，有目前地球上最高的山峰──珠穆朗玛峰。

顶部避头尾：/あぃうぇぉっゃゅょゎヮアィウェォッャュョヮ

平假名：あぃうぇぉかがきぎくぐけげこごさざしじす

片假名：アィウェォカガキギクグケゲコゴサザシジス顶部避头尾、平假名和片假名涉及日文排版。

数字前：$ ¥ £

示例：我买这条裙子花了￥100.9。

数字后：‰ % ℃ ′ ″ ¢

示例：北京多云转晴，气温 5~10℃。

全角空格：占一个字符宽度的空格

全角数字：１２３４５６７８９０

半角数字：1234567890

罗马字：ABCDEFGHIJKLMNOPQRSTUVWXYZ

汉字：亚哑娃阿哀爱挨逢（汉字）

行首符：每行出现的第一个字符

段首符：每段出现的第一个字符

②适用于中文排版的 4 种标点积压。

在中文排版中，标点的设置需要遵循一定的排版规则，即标点挤压。根据出版物的不同，标点挤压的设置也不相同。最常用到的标点挤压有 4 种，分别是全角式、开明式、行末半角式、全部半角式。

潘家桥原名通挤桥，明万历年间始建，现在我们所看见的，已经是二十年前重建的单孔花岗石拱桥。桥栏两端饰抱鼓石，桥面正中浮雕着花卉。庆林桥，原名庆历桥，石梁桥、矮石栏可以供人们坐憩。保古利桥古称打急路桥，重建于清嘉庆九年（1804），现已改建为平桥、花岗石桥栏也有抱鼓石，另外还有云纹望柱，两侧栏板上各镌五幅浮雕，有双龙戏珠、翠竹、花卉等图案。

北京还有不少"帽胡同"，"帽胡同"蒙古语是坏井、破井的意思，前面加上一姓氏，表明这个坏井是属于某家私有的。这不是牵强附会，白帽胡同旁边，曾有个"白回回胡同"，说明这里曾是白姓穆斯林的住宅。而"猪毛胡同"附近曾有个"朱家胡同"，说明这里确实住过朱姓人家。杨茅胡同附近就是杨梅竹斜街。年代久远，有些发音被念走了样，这也不足为怪。

全角式又称全身式，在全篇文章中除了两个符号连在一起时（比如冒号与引号、句号或逗号与引号、句号或逗号与书名号等），前一符号用半角外，所有符号都用全角。

开明式，凡表示一句结束的符号（如句号、问号、叹号、冒号等）用全角外，其他标点符号全部用半角；当多个中文标点靠在一起时，排在前面的标点强制使用半个汉字的宽度，目前大多出版物用此方法。

北京还有不少"帽胡同"。"帽胡同"蒙古语是坏井、破井的意思，前面加上一姓氏，表明这个坏井是属于某家私有的。这不是牵强附会，白帽胡同旁边，曾有个"白回回胡同"，说明这里曾是白姓穆斯林的住宅。而"猪毛胡同"附近曾有个"朱家胡同"，说明这里确实住过朱姓人家。杨茅胡同附近就是杨梅竹斜街。年代久远，有些发音被念走了样，这也不足为怪。

行末半角式，这种排法要求凡排在行末的标点符号都用半角，以保证行末版口都在一条直线上。

北京还有不少「帽胡同」。「帽胡同」蒙古语是坏井、破井的意思，前面加上一姓氏，表明这个坏井是属于某家私有的。这不是牵强附会，白帽胡同旁边，曾有个「白回回胡同」，说明这里曾是白姓穆斯林的住宅。而「猪毛胡同」附近曾有个「朱家胡同」，说明这里确实住过朱姓人家。杨茅胡同附近就是杨梅竹斜街。年代久远，有些发音被念走了样、这也不足为怪。

全部半角式，全部标点符号（破折号、省略号除外）都用半角，这种排版多用于信息量大的工具书。

③标点挤压的设置方法。

下面以开明式的设置要求为例，讲解标点挤压的设置方法。

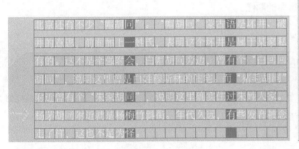

01 选择一段文字作为标点挤压的设置对象

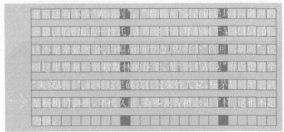

02 文字\标点挤压设置\详细\，单击【新建】按钮，设置【名称】为"开明式"，【基于设置】为"无"

TIPS 制作知识

为了让读者能够看清楚设置标点挤压后的变化，本例讲解的文件使用框架网格视图为大家演示。

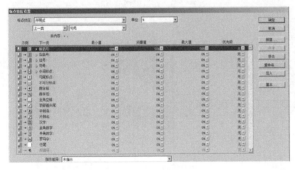

03 单击【确定】按钮。设置句号和前括号的距离。单击【标点挤压】内容的下拉列表框中选择【句号】，在【类内容】文本框中单击【前括号】→，单击【最大值】，在数值框中输入50%，所需值、最小值与最大值的百分比相同

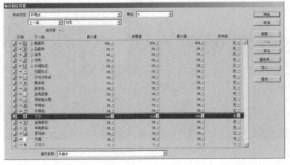

单击【存储】按钮，查看设置效果 **04**

TIPS 制作知识

根据开明式的要求，两个标点在一起，前面的标点占半个字符，经过调整这个要求已达到。但句末标点却只占了半个字符，按要求应占一个字符，所以还需调整。

05 继续设置标点挤压，在【类内容】的文本框中单击【汉字】→，单击【最大值】，在数值框中输入50%，所需值、最小值与最大值的百分比相同

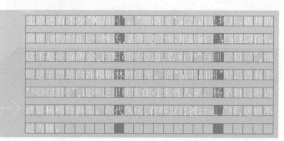

北京还有不少"胡同儿"，"胡同儿"是古诗词场上很破旧的意思，前面加个"姓氏，表示这个井边起初，其实私井在这里不是个强调会馆……居有"曾回"的风景，明区里的房屋自然稠朴林的住宅。前"胡同儿"有近代个"光家胡同儿"，说明这里曾经住过某姓人家，杨 杨说近……就是杨树街的意思。现代生活，有些有些被抢点了住宅，这里是有起角摊。

TIPS 制作知识

标点挤压设置看似很复杂，其实只要理清思路就很简单。例如，需要设置前引号占半个字符，句号占一个字符，读者可能会直接去设置这两个标点之间的关系，却发现没有达到自己的要求。这时，可以考虑设置这两个标点前后的关系，比如句号后面跟着汉字，可以设置这两个的标点关系，看看能否达到需要的效果。

06 单击【存储】按钮，再单击【确定】按钮，完成标点挤压的设置

4.2 房地产宣传折页设计

　　本案例讲解的主要内容是房地产宣传折页的制作，折页的宣传内容是新楼盘的介绍，图片多以室内装潢图为主，配上楼盘附近的环境图和平面户型图。本案例以灰色为主色调，左边搭配红色的瓦砖，体现出建筑建构的特点，传达时尚潮流的气息。通过载入样式、修改样式和应用样式等操作，完成房地产宣传折页的制作。

GuanghuaRoad 光华街10号

单元式住宅——复式商品房
Danyuanshi zhuzhai

　　指在多层、高层楼房中的一种住宅建筑形式。通常每层楼面只有一个住房，住户由楼梯平台直接进入分户门，一般多层住宅中一个楼梯可以安排24户和28户。所以每个楼梯的控制面积又称为一个居住单元。

　　一种经济型房屋，在层高较高的一层楼中增建一个夹层，从而形成上下两层的楼房。

中空玻璃——居家办公
Zhongkongboli

　　中空玻璃是对传统单玻门窗的革新，是现代门窗生产中的一项新的玻璃加工技术，它由两层甚至更多的玻璃密封组合，但最重要的是两层玻璃之间必须形成真空或气体（如加入惰性气体）状态，故称"中空玻璃"，这种技术的运用使门窗的隔音、阻热、密封、安全性能都大大提高。

酒店式公寓——家居布线系
Jiudianshi gongyu

　　指提供酒店式管理服务的公寓。1994年，意为"酒店式的服务，公寓……管理"，市场定位很高。它是集住宅、酒会所多功能于一体的，具有"自用"和"资"两大功效。除了提供传统酒店的各……外，更重要的是向住客提供家庭式的……布局、家居式的服务。

跃层式商品房——水景商品房
Yuecengshi shangpinfang

　　由上、下两层楼面、卧室、起居室、客厅、卫生间、厨房及其他辅助用房，并采用户内独用的小楼梯连接的一种房屋。

　　指依水而建的房屋。soho「居家办公」住宅观念的一种延伸。它属于住宅，但同时又融入写字楼的诸多硬件设施，尤其是网络功能的发达，使居住者在居住的同时又能从事商业活动的住宅行式。

TOWNHOUSE——灰空间

　　也叫联排别墅，正确的译法应该为城区住宅，系从欧洲舶来的，其原始意义上指在城区的沿街联排而建的市民城区房屋。

　　最早是由日本建筑师黑川纪章提出。其本意是指建筑与其外部环境之间的过渡空间，以达到室内外融和的目的，比如建筑入口的柱廊、檐下等。也可理解为建筑群周边的广场、绿地等。

外飘窗——会所
Waipiaochuang

　　就是以所在物业业主为主要服务对象的综合性高级康体娱乐服务设施。会所具备的软硬件条件：康体设施应该包括泳池、网球或羽毛球场、高尔夫练习馆、保龄球馆、健身房等娱乐健身场所；中西餐厅、酒吧、咖啡厅等餐饮与待客的社交场所；还应具有网吧、阅览室等其他服务设施。以上一般都是对业主免费或少量收费开放。

　　指房屋窗子呈矩形或成梯形向室外凸起，窗子三面是玻璃，从而使人们拥有更广阔的视野，更大限度地感受自然、亲近自然，通常它的窗台较低甚至为落地窗。

商住住宅——soho
Shangzhuzhuzhai

　　住宅观念的一种延伸。它属于住宅，但同时又融入写字楼的诸多硬件设施，尤其是网络功能的发达，使居住者在居住的同时又能从事商业活动的住宅行式

RUN——外飘窗

　　是一种物理网络系统建立在国际标准之上，以 TIA/EIA 570A 为核心，以每户为单位，支持家庭和小区内所有弱电（电话、电脑、视频、BA）地应用，由双绞线、同轴电缆、光纤和连接配件组成，所有的连接楼均端接于分布在每个房间的通讯插座和面板，并可简单地自动连接相关设备，如电脑、电视、传真、防盗警报系统等，为每一户成员提供安全和舒适的生活环境。

↘ 4.2.1　载入样式

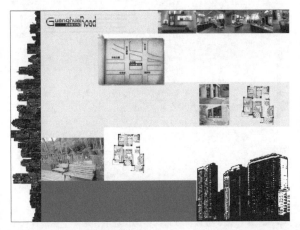

01 打开"资源文件\素材\第4章\4-2\4-2房地产宣传折页.indd"文件

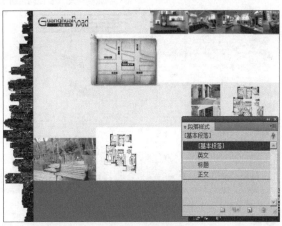

02 单击【段落样式】面板右侧的三角按钮，选择载入所有文本样式，选择"资源文件\素材\第4章\4-2\载入样式文本.indd"，单击【打开】按钮，再单击【确定】按钮，即将样式置入到【段落样式】面板中

03 置入"资源文件\素材\第4章\4-2\4-2房地产宣传折页.txt"文件，将文本内容分别剪切并粘贴到页面中，顺序是从上至下，从左至右

04 更改载入的标题样式，双击"标题"样式，选择"首字下沉和嵌套样式"选项，单击【新建嵌套样式】按钮，选择"副标题"，在【字符】文本框中输入"——"

↘ 4.2.2　应用样式

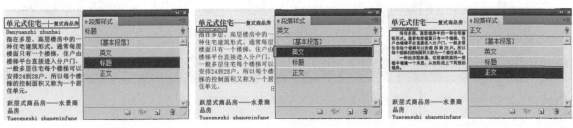

01 在标题中插入文字光标，单击【段落样式】面板中的"标题"样式，然后在标题下方的英文中插入文字光标，单击"英文"样式，最后选择正文，单击"正文"样式

02 按照上一步的操作，将样式分别应用到内文中

03 深灰色块上的黑色字看不清楚，所以要对样式进行调整。在没有选中任何文字的情况下，选择【段落样式】面板中的"标题"样式，将其拖曳到【创建新样式】按钮处，完成复制样式的操作，双击"标题副本"，设置【样式名称】为"标题-白"，字符颜色为纸色

04 按照上一步的操作，修改"正文"样式，然后应用到深灰色块上的两处文字上

4.3 超市DM设计

本案例主要讲解超市DM的制作，本例制作的DM是以女性时尚服装为主题，所以，设计时采用了黑色和粉色，背景图是细格子，配上拼贴效果的标题，再选择一个购物形象的人物，充分体现了时尚购物的效果。通过使用嵌套样式，制作出凸显价钱的标签效果。

杏色复古毛呢大衣
商品价格：358元
质地：毛呢
SIZE：M胸围84cm、L胸围88cm、衣长82cm
COLOR：杏色

紫色长款西服外套
商品价格：428元
质地：毛呢
SIZE：S胸围82cm、衣长66cm、M胸围85cm、衣长66cm
COLOR：紫色

黑灰色化学褪色牛仔裤
商品价格：398元
质地：牛仔
SIZE：26、腰围70cm、裤长102cm
COLOR：黑灰色

暗格毛呢外套
商品价格：328元
质地：毛呢
SIZE：M、胸围88cm、衣长55cm
COLOR：浅黄色

棒针编织毛衣外套
商品价格：248元
质地：毛线
SIZE：胸围84cm、衣长46cm
COLOR：蓝色

500 元以下
奢华的名品小物，彰显另一个半的高贵气质，让他散发出无尽的成熟男人味道。在这个情人节里成为众人羡慕与称赞的焦点。

4.3.1 嵌套样式的设置

什么是嵌套样式？

嵌套样式的作用是在同一个段落中可以使用两种不同的样式效果，常用于突出某一段文字的重要信息。嵌套样式的设置方法：首先需要设置一个字符样式，作为重点提示的信息使用，然后新建段落样式，在段落样式中新建嵌套样式，将前面设置的字符样式嵌套在段落中，即完成嵌套样式的设置。

01 打开"资源文件\素材\第4章\4-3\4-3超市DM.indd"文件

02 置入"资源文件\素材\第4章\4-3\文字内容.txt"文件，将文本内容分别剪切并粘贴到页面中，顺序是从上至下

03 用【文字工具】选择"杏色复古毛呢大衣"，设置字体为"方正大黑_GBK"，字号为14点，段后间距为3毫米，字体颜色为（0，70，90，0）

TIPS 制作知识

　　将置入的文本，先单击【段落样式】面板中的【基本段落】清除一下文本的文字属性。

04 单击【段落】面板右侧的三角按钮，选择段落线。勾选【启用段落线】复选框，设置【粗细】为0.5毫米，【类型】为虚线（4和4），【颜色】为文本颜色，【宽度】为栏，【位移】为－0.8毫米

05 在标题中插入文字光标，单击【段落样式】面板中的【创建新样式】按钮，然后双击"段落样式1"，设置【样式名称】为"标题"，单击【确定】按钮

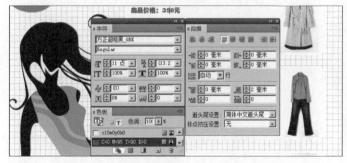

06 选择"商品价格：358元"，设置字体为"方正超粗黑_GBK"，字体为11点，段后间距为2毫米，文字颜色为（0，95，90，0）

商品价格应主要突出数字，其他的信息可以弱化，若使用相同的文字属性，则重点不突出，所以，本例改变了"商品价格："这几个字的字体和颜色。

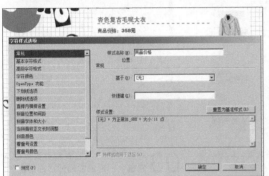

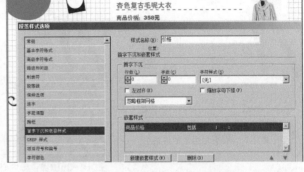

07 选择"商品价格："，将字体改为"方正黑体_GBK"，文字颜色为黑色

08 在"商品价格："中插入文字光标，创建字符样式，命名为"商品价格"

09 在"358元"中插入文字光标，创建段落样式，命名为"价格"，选择首行下沉和嵌套样式选项，单击【新建嵌套样式】按钮，选择"商品价格"，在【字符】文本框中输入"："

应用"价格"段落样式后，会将"商品价格"字符样式的颜色覆盖，所以还需要重新设置一下字符样式的字符颜色。

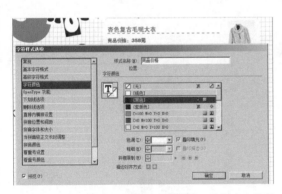

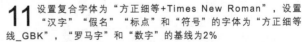

10 双击打开"商品价格"字符样式，选择【字符颜色】选项，设置文字填充色为黑色，描边为无

11 设置复合字体为"方正细等+Times New Roman"，设置"汉字""假名""标点"和"符号"的字体为"方正细等线_GBK"，"罗马字"和"数字"的基线为2%

12 选择剩余的文字内容，设置字体为"方正细等+Times New Roman"，字号为9点，行距为12点。新建段落样式，命名为"质地+SIZE+COLOR"

↘ 4.3.2　嵌套样式的应用

01 将样式分别应用到文字内容中

02 置入"资源文件\素材\第4章\4-3\吊牌.ai"文件，选择图片，按住Ctrl+Shift键，沿中心方向拖曳鼠标缩放图片，然后复制并粘贴图片，使每个商品旁都有一个吊牌图片

03 剪切并粘贴"经典裁剪散发迷人气质"，设置字体为"方正粗倩_GBK"，字号为12点，文字颜色为纸色。选择【旋转工具】将文本框旋转15°，将文字分别复制并粘贴到各个吊牌中

↘ 4.3.3　知识拓展

设计知识

如何让 DM 更加引人注目？

在设计 DM 时，要站在阅读者的角度去分析，分析画面是否让人感觉舒服，阅读是否流畅，内容是否有吸引力。在分析完内容和版式后，还需要考虑页面的整体效果，文字是页面中的重要元素之一，其在设计上的好坏也直接影响了整个版面的效果，本案例对 DM 所宣传的标题做了细节上的处理，将每个字母交叉填充上黑白色，每个字母摆放的方向也不一致，为画面增添了一些活泼的元素。对宣传语的处理，通过斜挂着的吊牌来展示，将文字也按照吊牌倾斜的角度进行旋转，使页面体现出轻松活泼、愉快购物的主题。如果没有这些细节上的改变，那么这个 DM 是怎样的效果？读者可以通过对比，看一下两者截然不同的效果。

第 **05** 章

广告插页设计
——颜色的设置

如何做好广告插页？

平面广告最重要的是突出宣传的商品，从而达到一定的商业目的。每一个广告都是由文案和图案组成，如何让两者搭配得天衣无缝去打动消费者，是设计时首要考虑的问题。首先要从读者的阅读习惯上考虑，人们在阅读时视线一般从左至右，从上至下。因此，应把最主要的信息放在页面的左上方，并且要从色彩上体现出文字的层次感。文字在平面广告中起着传达信息的作用，文字排列组合的好坏，直接影响版面的视觉传达效果。因此，在设计文字时应注意主要文字与其他文字内容有所区别，但不宜使用风格不同的字体，给人以简洁明了的视觉印象，传达出信息即可。版面力求简单，避免杂乱无章，多使用成群结队的文字和图片。

我们需要掌握什么？

通过设计广告插页，掌握如何根据页面环境配上软件中相应的工具，设置适合页面风格的文字颜色。

5.1 美容杂志插页设计

本例讲解的主要内容是美容杂志插页的制作。本例的插页广告以化妆品宣传为主。根据所选的背景图来安排页面的基本色调，文字简洁，突出标题。通过对文字颜色、字体、字号的控制，使整个页面给人一种高贵淡雅的感觉。

↘ 5.1.1 认识色板

通过【色板】面板可以创建和命名颜色、渐变或色调，并将它们快速应用于文档。色板类似于段落样式和字符样式，对色板所做的任何更改将影响应用该色板的所有对象。使用色板无须定位和调节每个单独的对象，从而使修改颜色方案变得更加容易。

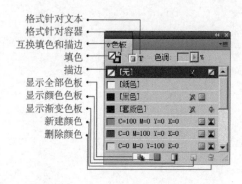

1.【色板】面板存储下列类型的色板

（1）颜色。

【色板】面板上的图标标识了专色和印刷色颜色类型，以及 LAB、RGB、CMYK和混合油墨 颜色模式。

专色油墨是指一种预先混合好的特定彩色油墨，如荧光黄色、珍珠蓝色、金属金银色油墨等，它不是靠 CMYK 四色混合出来的。

印刷色就是由不同的 C、M、Y 和 K 的百分比组成的颜色。C、M、Y、K 就是通常采用的印刷四原色。在印刷原色时，这 4 种颜色都有自己的色板，色板上记录了每种颜色的网点，这些网点是由半色调网屏生成的，把 4 种色板合到一起就形成了所定义的原色。调整色板上网点的大小和间距就能形成其他的原色。实际上，在纸张上，这 4 种印刷颜色是分开的，只是很相近，由于眼睛的分辨能力有一定的限制，因此很难分辨。我们得到的视觉印象就是各种颜色的混合效果，于是产生了各种不同的原色。

C、M、Y 可以合成几乎所有颜色，但还需黑色，因为通过 C、M、Y 产生的黑色是不纯的，在印刷时需要更纯的黑色，且若用 C、M、Y 来产生黑色会出现局部油墨过多的问题。

（2）色调。

【色板】面板中显示在色板旁边的百分比值，用以指示专色或印刷色的色调。色调是经过加网而变得较浅的一种颜色版本。色调是为专色带来不同颜色深浅变化的较经济的方法，不必支付额外专色油墨的费用。色调也是创建较浅印刷色的快速方法，尽管它并未减少四色印刷的成本。与普通颜色一样，最好在【色板】面板中命名和存储色调，以便可以在文档中轻松编辑该色调的所有实例。

（3）渐变。

【色板】面板上的图标，用以指示渐变是径向还是线性。

（4）无。

"无"色板可以移去对象中的描边或填色。不能编辑或移去此色板。

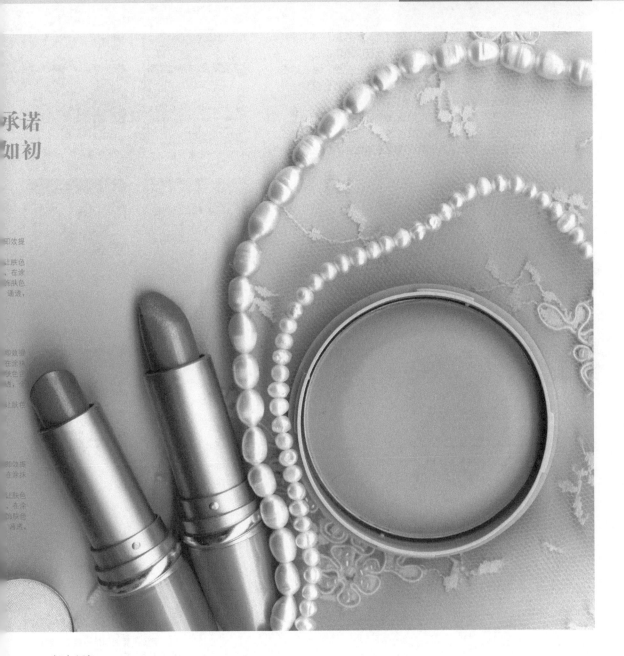

（5）纸色。

纸色是一种内建色板，用于模拟印刷纸张的颜色。纸色对象后面的对象不会印刷纸色对象与其重叠的部分。相反，将显示所印刷纸张的颜色。可以通过双击【色板】面板中的"纸色"对其进行编辑，使其与纸张类型相匹配。纸色仅用于预览，它不会在复合打印机上打印，也不会通过分色来印刷。不能移去此色板。不要应用"纸色"色板来清除对象中的颜色，而应使用"无"色板。

（6）黑色。

黑色是内建的，使用 CMYK 颜色模型定义的 100% 印刷黑色。不能编辑或移去此色板。在默认情况下，所有黑色实例都将在下层油墨（包括任意大小的文本字符）上叠印（打印在最上面）。可以停用此行为。

（7）套版色。

套版色是使对象可在 PostScript 打印机的每个分色中进行打印的内建色板。

2.【色板】面板显示模式的设置

默认的【色板】面板中显示 6 种用 CMYK 定义的颜色：青色、洋红色、黄色、红色、绿色和蓝色。

单击【色板】面板右侧的三角按钮，通过选择"名称""小字号名称""小色板"或"大色板"改变【色板】面板的显示模式。

选择"名称"将在该色板名称的旁边显示一个小色板。该名称右侧的图标显示颜色模型（CMYK、RGB 等），以及该颜色是专色、印刷色、套版色还是无颜色。

选择"小字号名称"将显示精简的色板面板行。

选择"小色板"或"大色板"将仅显示色板。色板一角带点的三角形表明该颜色为专色。不带点的三角形表明该颜色为印刷色。

"名称"显示模式　　　　　　"小字号名称"显示模式

"小色板"显示模式　　　　　　"大色板"显示模式

TIPS 制作知识　快速新建多个颜色

如果需要同时建立多个颜色，可采用如下方法。

在新建颜色时，设置完数值后，单击【添加】按钮，直接将颜色添加到【色板】面板中，然后继续设置数值，再单击【添加】按钮。

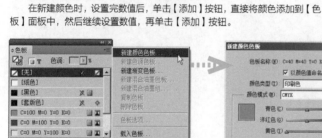

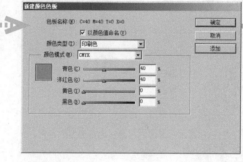

5.1.2　新建和应用颜色

TIPS 制作知识

建议不要使用拾色器填充颜色。双击工具栏中的【填充】按钮可以打开【拾色器】面板，不推荐读者在 CMYK 数值框中输入数值或是拖动光标拾取颜色，因为它的颜色都为 RGB 色彩空间视图，印出来的颜色会有偏差。建议读者使用【色板】新建颜色。

01 打开"资源文件\素材\第 5章\5-1\5-1美容杂志插页.indd"文件

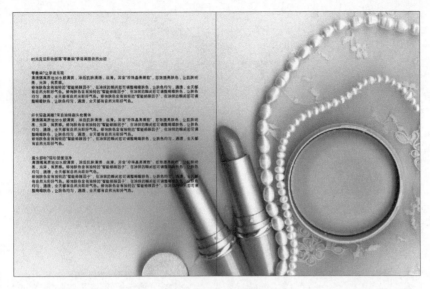

02 置入"资源文件\素材\第5章\5-1\美容插页内容.txt"文件到页面中

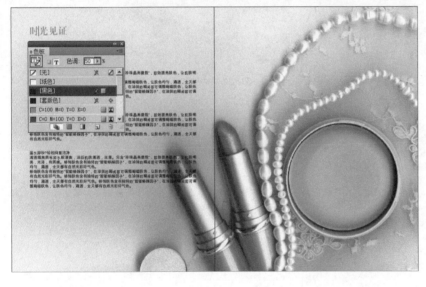

03 选择"时光见证",将其剪切并粘贴,设置字体为"方正大标宋_GBK",字号为30点,文字颜色为黑色,色调为50%

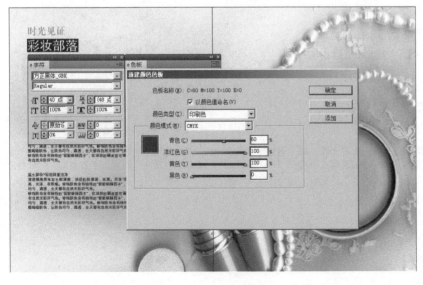

04 剪切并粘贴"彩妆部落",设置字体为"方正黑体_GBK",字号为40点,单击【色板】面板右侧的三角按钮,选择"新建颜色色板",设置颜色数值为(60,100,100,0)

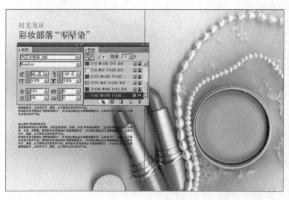

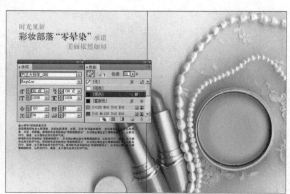

05 剪切并粘贴"零晕染"，设置字体为"方正大标宋_GBK"，字号为40点，文字填充色为（60，100，100，0）

06 分别剪切并粘贴"承诺"和"美丽依然如初"，设置字体为"方正大标宋_GBK"，字号为30点，文字填充色为黑色，色调为50%

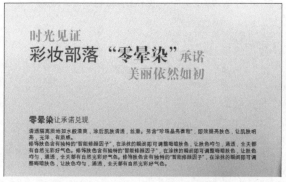

07 选择"零晕染"，设置字体为"方正黑体_GBK"，字号为19点，段后间距为2毫米，选择"让承诺兑现"，设置字体为"方正中等线_GBK"，字号为16点，文字颜色为（60，100，100，0）

08 在"零晕染"中插入文字光标，新建字符样式。在"让承诺兑现"中插入文字光标，新建"标题"样式，选择【首字下沉和嵌套样式】选项，单击【新建嵌套样式】按钮，选择"字符样式1"，单击【字符】旁的向下三角按钮选择半角空格

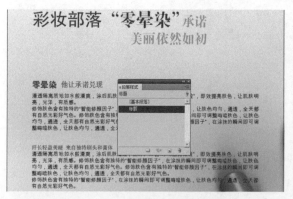

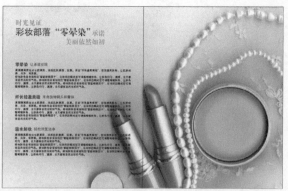

09 在"零晕染"和"让承诺兑现"中间插入文字光标，按Ctrl+Shift+N键，插入半角空格，单击【段落样式】面板中的"标题"样式

10 分别在"纤长轻盈美睫""来自独特刷头和膏体""温水卸妆""轻松回复洁净"中插入半角空格，然后应用"标题"样式

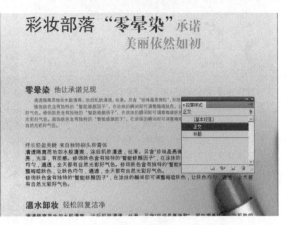

11 选择正文，设置字体为"方正细等线_GBK"，字号为10点，行距为14点，文字颜色为黑色，色调为80%，标点挤压设置为"空格"

12 新建段落样式，命名为"正文"，然后单击"正文"样式，即完成应用样式的操作

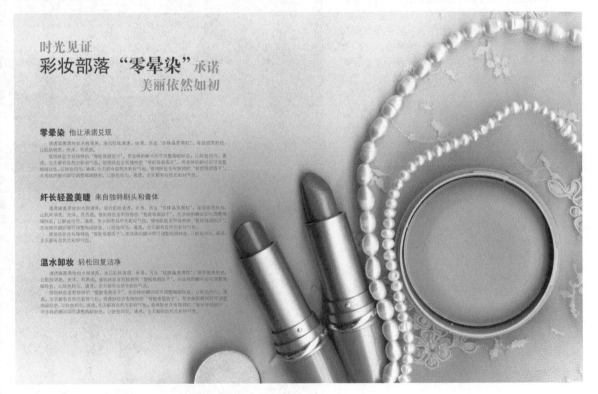

13 将"正文"样式应用到正文中，调整文本框的大小

TIPS 设计知识 版面设计中的暖色和冷色

　　颜色的种类很多，不同的颜色给人不同的感觉。红、橙、黄让人感到温暖和快乐，因此，被称为"暖色"。蓝、绿、紫让人感到安静和清新，因此，被称为"冷色"，本例宣传的是化妆品，所以大面积采用暖色。粉色系代表浪漫，粉色是在纯色里加入白色，形成一种明亮但不刺目的颜色，粉色会引起人的兴趣与快感，但又比较柔和、宁静。浪漫色彩的设计，借由粉橙色表现出来，让人觉得这是一款具有柔和、典雅气质的化妆品，充分体现了所要表达的主题。

5.2 服饰杂志插页设计

本例主要讲解服饰杂志插页的制作，本例的插页广告是为某品牌服装店做宣传，因此，采用的图片中以衣着绚丽的模特为主，背景为紫色色块加上渐变的大圆点，并点缀着星光，产生一种五光十色的效果。使用笔画较粗的文字，配上描边，填充上渐变色，每一处都会有不同效果的视觉冲击力。

5.2.1 认识颜色和渐变

1.【颜色】面板介绍

窗口\颜色，将光标放在颜色条上时，光标变为"![吸管]"，单击，则吸取的颜色会在 CMYK 色值上显示。也可以通过在 CMYK 的数值框中输入颜色值来调整颜色。然后单击【颜色】面板右侧的三角按钮，选择"添加到色板"来完成存储颜色的操作。【颜色】面板可以设置 CMYK、RGB 和 Lab 模式的颜色。

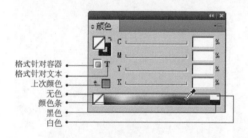

2.【渐变】面板介绍

渐变是两种或多种颜色之间或同一颜色的两个色调之间的逐渐混合。渐变可以包括纸色、印刷色、专色或使用任何颜色模式的混合油墨颜色。渐变是通过渐变条中的一系列色标定义的。色标是指渐变中的一个点，渐变在该点从一种颜色变为另一颜色，色标由渐变条下的彩色方块标识。在默认情况下，渐变由两种颜色开始，中点在 50% 的位置上。

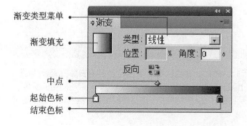

TIPS 印刷知识　为什么要使用CMYK模式下的渐变

使用不同模式的颜色创建渐变后对渐变进行打印或分色时，所有颜色都将转换为 CMYK 印刷色。由于颜色模式的更改，颜色可能会发生变化。要获得最佳效果，建议使用 CMYK 颜色指定渐变。

↘ 5.2.2 渐变的设置和调整

01 打开"资源文件\素材\第5章\5-2\5-2服饰杂志插页.indd"文件

02 输入"2009"，设置字体为"Chaparral Pro"，样式为"Bold"，字号为100点，字符间距为120，文字填充为纸色，描边为（60，100，0，0），描边为0.5毫米

03 输入"魅力宝贝"，设置字体为"方正粗倩_GBK"，字号为90点，文字填充为纸色，描边为（60，100，0，0），描边为0.5毫米

04 用【钢笔工具】按照文字的轮廓绘制图形

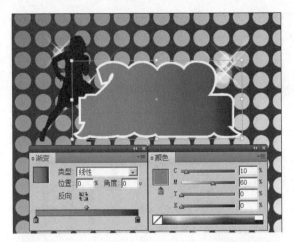

05 设置描边为2毫米，颜色为纸色。在【渐变】面板中选择起始色标，在【颜色】面板中设置起始色标颜色为（10，60，0，0），按Enter键

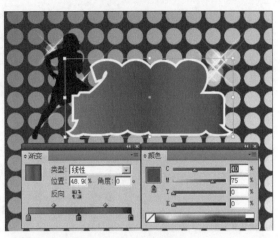

06 在渐变条的中间位置单击，添加一个色标，在【颜色】面板中设置新添色标颜色为（40，75，0，0），按Enter键

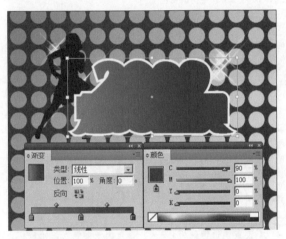

07 在【渐变】面板中选择结束色标，在【颜色】面板中设置结束色标颜色为（90，100，0，0），按Enter键

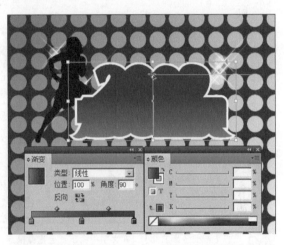

08 选择【渐变色板工具】，在图形中由下至上拖曳鼠标，改变渐变方向

09 选择图形，将光标放在"渐变填充"内单击鼠标右键，选择"添加到色板"，将渐变色存储到【色板】面板中，按Ctrl+【键，将图形置于文字的下方

10 用【矩形工具】绘制一个矩形，对象/角选项，设置【效果】为圆角，【大小】为12毫米，填充色为（10，60，0，0），描边色为纸色

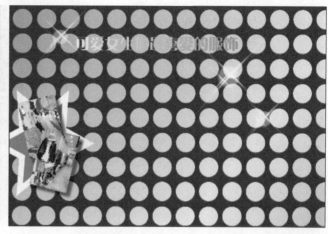

11 输入"《米卡服饰》《菲亚服饰》专属模特服装展示会"，设置字体为"方正大黑_GBK"，字号为26点，居中对齐，文字颜色为纸色，描边色为（0，35，0，0）

12 输入"可爱女生们最喜爱的服饰"，选中文字，设置字体为"方正粗倩_GBK"，字号为30点，渐变色起始色标为（0，0，0，0），在中间位置添加一个色标颜色为（0，20，100，0），结束色标为（0，50，100，0），存储渐变色

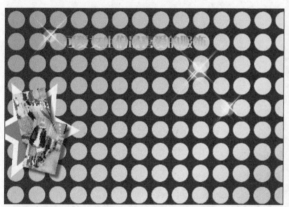

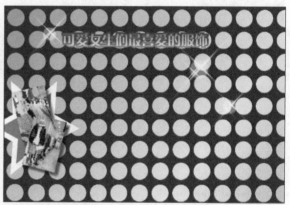

13 选择【渐变色板工具】，在文字中由下至上拖曳鼠标，改变渐变方向

14 设置描边粗细为1毫米，颜色为渐变色，起始色标为（0，50，100，0），中间添加新色标（30，100，100，0），结束色标为（60，85，100，0），渐变方向由下至上拖曳鼠标

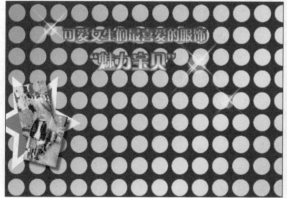

15 复制并粘贴渐变文字，全选文字内容，输入"魅力宝贝"，字号为40点

16 复制并粘贴渐变文字，全选文字内容，输入"隆重推出！"，字号为50点

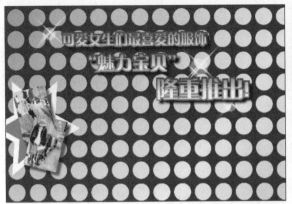

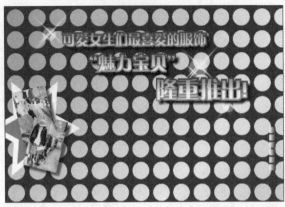

17 用【选择工具】选择3组渐变文字，单击【效果】面板右侧的三角按钮，选择效果\投影，设置【不透明度】为100%

18 按住Shift键，用【矩形工具】绘制一个正方形。用【选择工具】选中正方形，按住Alt+Shift键，垂直向下拖曳并复制图形，保持选中状态，连续按Ctrl+Alt+3键4次（重复上次操作的快捷键）

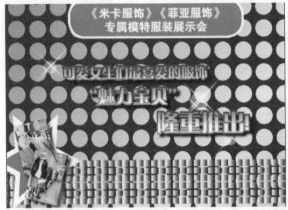

19 全选小方格，按住Alt+Shift键，水平向左拖曳并复制图形，保持选中状态，连续按Ctrl+Alt+3键若干次

20 全选小方格，对象/路径/复合路径，将多个图形组合为一个图形

21 选择组合图形，单击【渐变】面板中的"新建渐变色板"，用【渐变色板工具】由左至右调整渐变方向

22 输入"购'魅力宝贝'"，字体为"方正大黑_GBK"，字号为30点，渐变颜色为"新建渐变色板2"，用【渐变色板工具】由下至上调整渐变方向

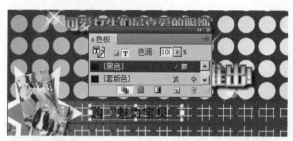 

23 选择上一步设置的文字，复制文字，单击鼠标右键，选择原位粘贴

24 按Ctrl+【键置于渐变文字的下方，按→和↓微调黑色文字，制作出投影效果

25 输入"和'米卡'美女模特面对面"，设置文字属性和文字投影效果与"购'魅力宝贝'"相同

26 输入"欢迎拨打热线电话"，设置字体为"方正大黑_GBK"，字号为20点，文字填充色为黑色，描边色为纸色，粗细为1毫米

27 输入"400-800-8888"，设置字体为"Bernard MT Condensed"，字号为50点，文字渐变为"新建案渐变色板"，用【渐变色板工具】由下至上调整渐变方向，描边色为纸色，粗细为1毫米

TIPS 制作知识

　　为文字应用渐变色或调整渐变方向时，必须用【文字工具】选择文字才能应用，插入文字光标或用【选择工具】选择文本框都不能为文字填充渐变色。

第 **06** 章

绘制简易线路图
——线条

如何做好线路图？

地图和线路图的区别，我们平常所看到的地图包含整个区域的道路和街道，错综复杂。而线路图所要展示的只是某个区域的行走路线，所以，在绘制线路图的时候，只需要提取最主要的干道，然后用最直接的方法绘制出来，让路人借助线路图到达目的地，即达到此线路图的作用。

我们需要掌握什么？

读者要明确InDesign并不是无所不能，它只能通过路径工具绘制简单的曲线和直线，如果需要绘制较复杂和多变化的线路图，建议使用Illustrator绘制。通过本章的学习，读者可以掌握【钢笔工具】和【铅笔工具】绘制路径的简单操作，以及设置描边类型的操作。

6.1 宣传页中线路图的制作

本例主要讲解宣传页中线路图的制作，宣传页中的线路图要有设计感，不能随意绘制几个曲线，导致破坏了页面设计的整体效果。使用【钢笔工具】绘制几条规则的曲线，加粗描边，用来表示道路。为线路图铺上棕色背景，使其很自然地融入到页面的设计当中，描边颜色采用同色系的棕色，使线路图之间有对比，但又不突兀，而且起到修饰版面的作用。

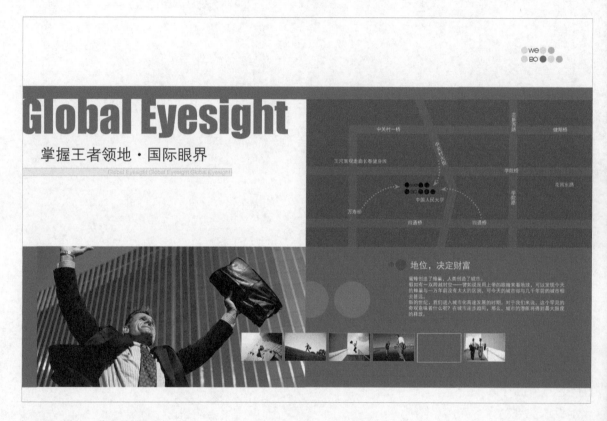

↘ 6.1.1 路径的绘制

01 打开"资源文件\素材\第6章\6-1\6-1线路图.indd"文件

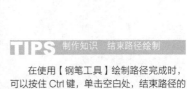

TIPS 印刷知识 色块的出血

在绘制矩形时，其宽度要盖过出血的位置，若没有，则在裁切时很可能会因为裁切误差而使原来想要满版色块的效果，而多出一条白线，造成版面的不美观。

TIPS 制作知识 结束路径绘制

在使用【钢笔工具】绘制路径完成时，可以按住 Ctrl 键，单击空白处，结束路径的绘制。

02 用【矩形工具】绘制一个矩形，填充色为（45，85，90，0）

03 用【钢笔工具】，按Shift键绘制两条水平直线

04 选择【钢笔工具】，按Shift键绘制一条90°角的曲线

05 在竖着的方向上绘制一条曲线

06 按Shift键绘制一条垂直直线

6.1.2 描边的设置

01 用【选择工具】选择绘制的所有曲线，设置描边为6毫米

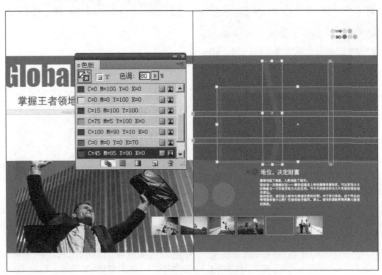

02 单击【描边】面板中的【圆角连接】按钮，使曲线的转角呈圆角效果

03 设置描边颜色为（45，85，90，0），色调为80%

↘ 6.1.3 线路图的标识设置

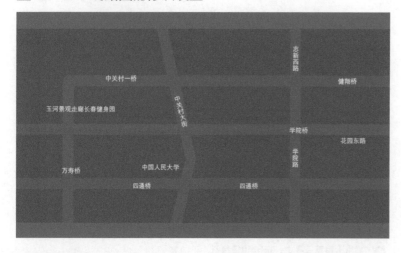

01 输入道路名称，设置字体为"方正中等线_GBK"，字号为10点，文字颜色为纸色。有些文字需要依据道路的横竖调整方向，用【文字工具】选择需要竖着和倾斜的文字，单击鼠标右键，选择排版方向\垂直，再通过【旋转工具】调整旋转角度

02 用【椭圆工具】绘制7个圆形，填充黑色

03 在圆形空出的位置输入"WE"和"BO"，设置字体为"Kravitz"，字号为16点

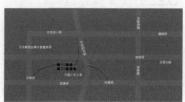

04 用【钢笔工具】绘制3条弧线

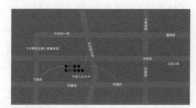

05 设置描边颜色为（45，85，90，0），色调为50%

06 设置描边粗细为1毫米，类型为圆点，终点为倒钩

如果有字体无法在"查找字体"对话框中进行替换，其原因很有可能是该字体被用于复合字体，并且其字体版本与当前计算机中的字体不同。在复合字体编辑器中把相应复合字体中带【】的字体替换为当前计算机中的字体并保存，可以解决问题。

6.2 铁路交通示意图的绘制

本例主要讲解铁路交通示意图的制作，在设计交通示意图时，注意版面使用的颜色，为示意图选择相应的颜色，使版面更协调。在绘制示意图大小时，不能随意绘制一个矩形框添加一些线条，而要考虑与周围元素的对应关系。本案例使用【铅笔工具】绘制路径，使崎岖的山路表现得更自然，使用描边样式的设置表现公路示意图。

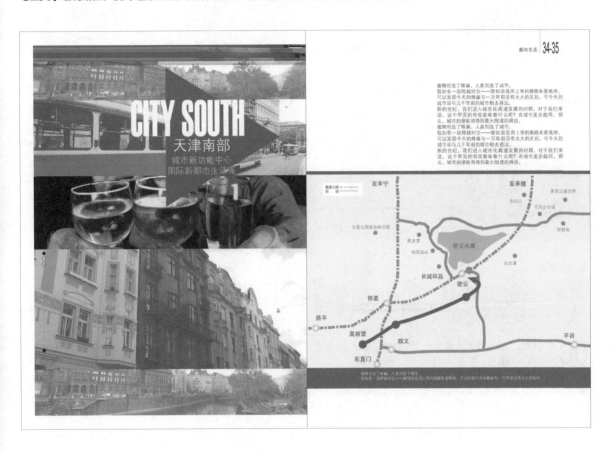

⬊ 6.2.1 铁路线的绘制

01 打开"资源文件\素材\第6章\6-2\6-2交通图.indd"文件

02 用【矩形工具】绘制一个矩形，填充色为（50，60，65，10）

03 在棕色块上用【矩形工具】绘制一个矩形，填充色为（0，5，15，0）

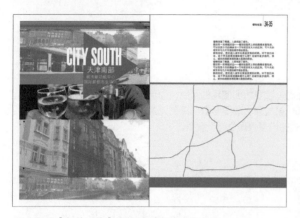

04 用【铅笔工具】绘制6条互相交叉的曲线

05 设置描边粗细为2毫米，颜色为（15，45，100，0）

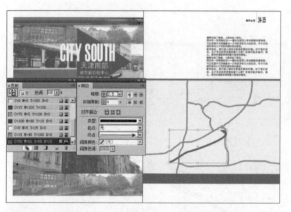

06 用【钢笔工具】绘制一条弧线，设置描边粗细为2.5毫米，终点为倒钩，颜色为（50，60，65，10）

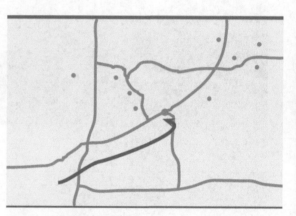

07 用【椭圆工具】绘制一个小圆，将其复制并粘贴到示意图各处位置上，填充色为（15，45，100，0）

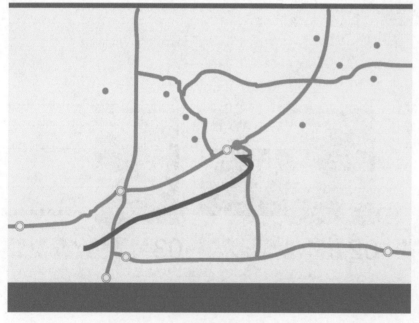

08 用【椭圆工具】绘制两个大小不一的小圆，描边粗细为0.1毫米，描边色为（50，60，65，10），填充色为（0，5，15，0），用【选择工具】选择它们，设置水平垂直居中对齐，单击鼠标右键选择编组，将它们复制并粘贴到示意图各处

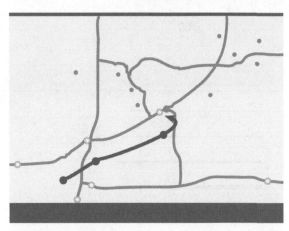

09 用【椭圆工具】绘制一个小圆，将其复制并粘贴到示意图各处，填充色为（50，60，65，10）

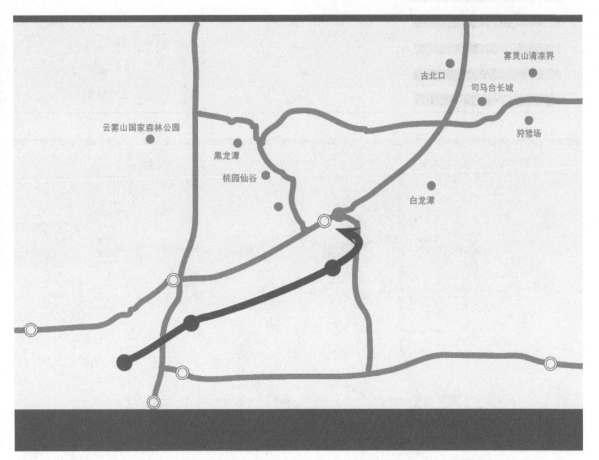

10 在各圆点位置上输入地名，设置字体为"方正中等线_GBK"，字号为9点，颜色为（15，45，100，0）

TIPS 印刷知识 如何把握线的粗细

　　初学者往往对于描边粗细的设置比较难掌握，在计算机屏幕上看着合适的线条，打印时却显得非常粗。对于线条粗细的把握，还需要经验的积累，笔者在此提供描边粗细对照表，以及毫米和点的换算，供读者参考。

描边	点	毫米
	0.25点	0.08毫米
	0.5点	0.17毫米
	0.75点	0.26毫米
	1点	0.35毫米
	2点	0.7毫米
	3点	1.05毫米
	4点	1.41毫米
	5点	1.76毫米
	6点	2.11毫米
	7点	2.46毫米
	8点	2.82毫米
	9点	3.17毫米
	10点	3.52毫米

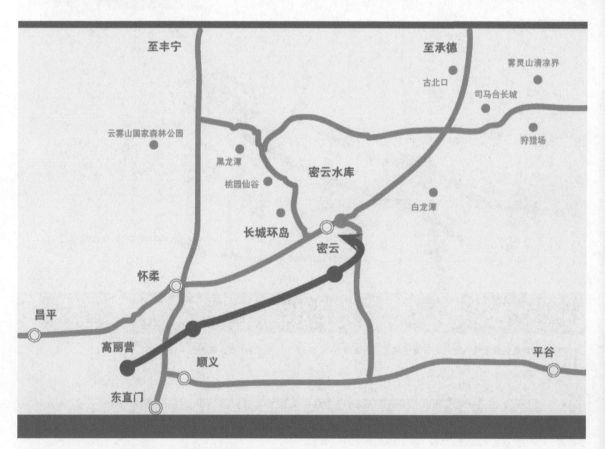

11 再次添加地名，设置字体为"方正黑体_GBK"，字号为12点，颜色为（50，60，65，0）

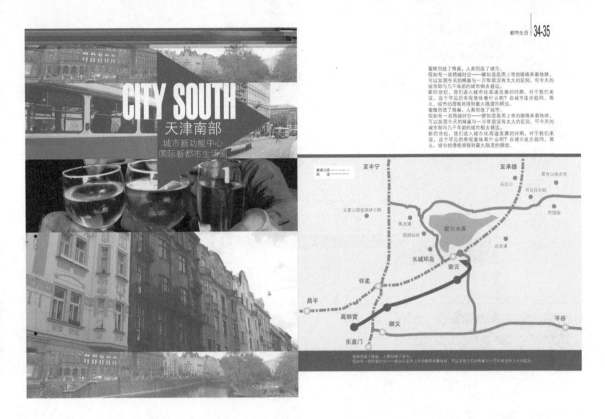

12 在"密云水库"附近按照曲线交叉的轮廓用【钢笔工具】绘制一个封闭的图形，填充色为（45，10，0，0），按Ctrl+【键将其置于文字下方

6.2.2 描边样式的设置

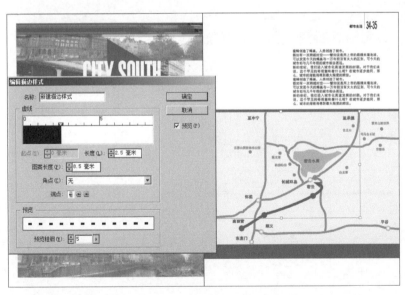

01 选择一条曲线，单击【描边】面板右侧的三角按钮，选择【描边样式】，单击【新建】按钮，设置【图案长度】为8.5毫米，指定图案重复的长度为2.5毫米

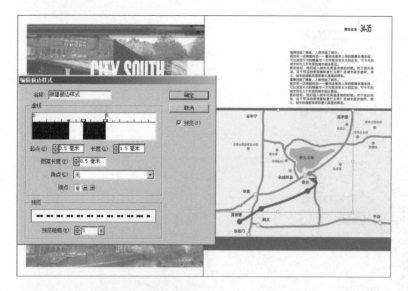

02 单击标尺，添加一个新虚线，设置【起点】为3.5毫米，【长度】为1.5毫米

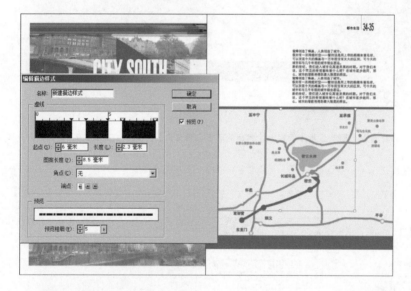

03 继续添加新虚线，设置【起点】为6毫米，【长度】为2.3毫米

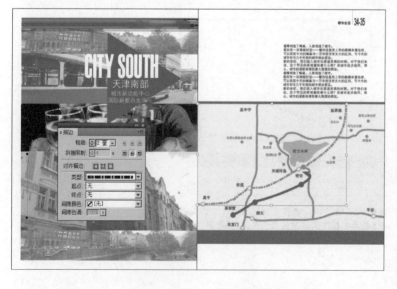

04 单击【确定】按钮，在【描边】面板中选择前面设置的描边类型

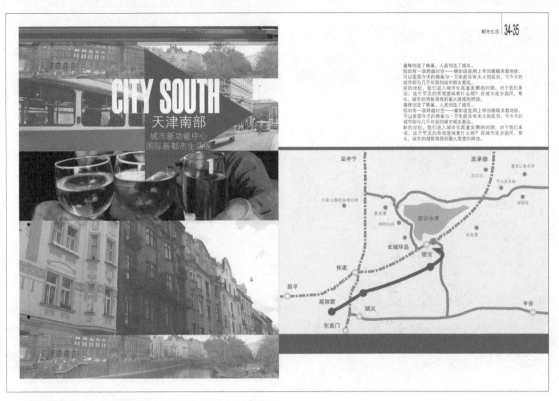

05 选择另一条曲线，应用新建描边样式

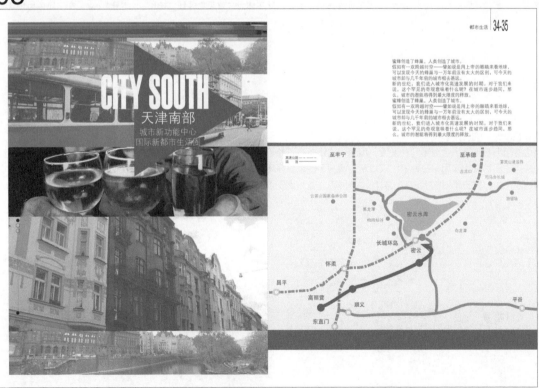

06 用【矩形工具】绘制一个矩形，填充色为纸色，输入"高速公路"和"国道"，在"国道"中间插入文字光标，按
Ctrl+Shift+M键，插入两个全角空格，在"高速公路"和"国道"旁用【直线工具】绘制两条直线，描边类型分别选
择新建描边样式，实底，粗细为0.35毫米，颜色为（15，45，100，0）

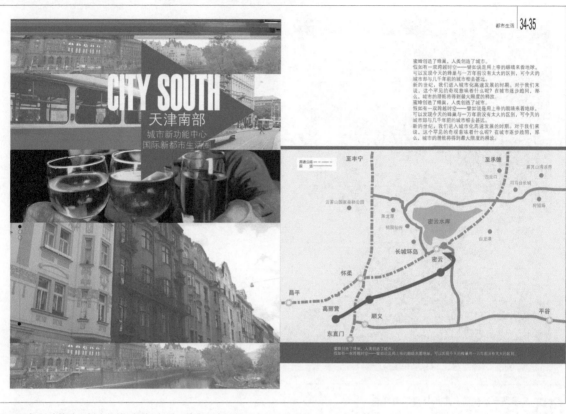

07 复制并粘贴案例中的第1和第2句话，放在示意图的下方，设置字体为"方正中等线_GBK"，字号为8点，文字颜色为纸色

↘ 6.2.3　知识拓展

1.设计知识

描边在设计中的应用。

描边的粗细在不同场合有不同的设置，页面中的线条起着修饰版面的作用，使元素之间产生联系，所以，描边不宜过粗。文字中的描边起着突出作用，在背景比较复杂的情况下使用，多用于标题、广告口号，正文不建议使用描边。简易线路图中描边起着明示作用，对主干道的描边应比其他道路稍粗一些，便于读者查看。

描边粗细比较适合版面的设计

描边过粗，破坏版面的整体效果

在复杂的背景页面中为文字使用描边效果，可以突出文字内容

2.制作知识

（1）认识路径。

路径由一个或多个直线段或曲线段组成。路径分为闭合路径和开放路径，主要由方向线、方向点和锚点一起控制其形状。

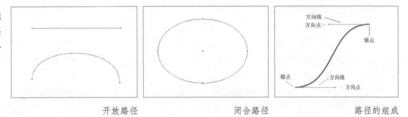

开放路径　　　　　　闭合路径　　　　　　路径的组成

（2）有关路径的工具。

创建或编辑路径的工具包括【直线工具】、【钢笔工具】、【添加锚点工具】、【删除锚点工具】、【转换方向点工具】、【铅笔工具】、【平滑工具】、【抹除工具】及【直接选择工具】。

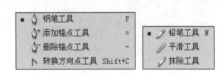

（3）直线的绘制。

按住 Shift 键可以绘制出固定角度的直线，如以 45°为倍数的方向线；还可通过调整方向线和方向点绘制曲线。

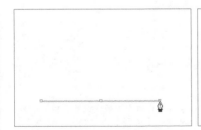

01 用【钢笔工具】在页面空白处绘制路径的起点，按住Shift键不放，将鼠标指针向右移动一段距离后单击，绘制出一条水平方向的路径

02 与步骤01相同，按住Shift键不放，将鼠标指针向上移动一段距离后单击，绘制一条垂直方向的路径

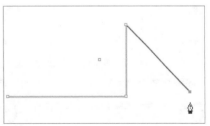

03 继续按住Shift键不放，将鼠标指针向右下方移动一段距离后单击，绘制出一条45°方向的路径

（4）曲线的绘制。

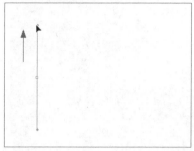

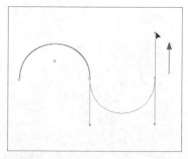

01 用【钢笔工具】在页面空白处单击并垂直向上拖曳鼠标

02 将鼠标指针向右移动一段距离后，单击并垂直向下拖曳鼠标

03 将鼠标指针向右移动一段距离后，重复步骤01的操作，完成连续曲线的绘制

TIPS 制作知识

可通过按住 Alt 键调整方向点，绘制出不同的曲线，也可以将曲线与直线结合绘制路径。

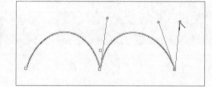

（5）描边的设置。

①端点、连接和对齐描边。

端点是指选择一个端点样式以指定开放路径两端的外观，它分为3种类型：平头端点、圆头端点、投射末端。

连接是指转角处描边的外观，它分为3种类型：斜接连接、圆角连接和斜面连接。

还可设置描边相对于路径的3种类型：描边对齐中心、描边局内、描边局外。

平头端点、斜接连接、描边对齐中心　　　　圆头端点、圆角连接、描边局内　　　　投射末端、斜面连接、描边局外

②类型、起点、终点、间隙颜色和色调。

通过【描边】面板可对路径设置不同的类型效果，还可通过起点和终点配合类型设置与众不同的箭头。如果选择虚线类型，还可用间隙颜色和色调来设置虚线的间隙。

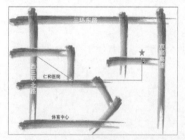

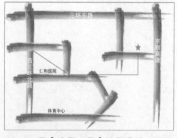

01 用【钢笔工具】绘制一条方向线

02 用【选择工具】选择曲线，设置描边色为（0，100，50，0）

03 在【描边】面板中设置【粗细】为3点，【类型】为虚线，【终点】为"倒钩"箭头，【间隙颜色】为（0，0，100，0），【间隙色调】为25%，设置虚线和间隔的数值为"6点，4点，6点，4点"

TIPS 制作知识　如何绘制虚线

在【类型】下拉列表中选择"虚线"才能显示【角点】和虚线间隔的选项。

第 07 章

绘制装饰图案
——图形

如何做好装饰图案？

我们讲解的核心是关于设计、排版和印刷的相关知识，因此，这里讲解的装饰图案仅是起到修饰版面的作用，不会涉及太复杂的图案创作。如何通过简单的几何图形搭配出好看的图案？常用的方法是有规律地复制并旋转相同图形，得到一个组合图形；或是等比例缩小相同图形，使它们成为同心圆、同心三角形，如靶心图案。

我们需要掌握什么？

了解InDesign中的绘图工具及作用，通过复合路径功能和路径查找器功能进行组合，配上各种效果的制作来完成图案的设计。

7.1 开幕酒会舞台布景设计

本例讲解的主要内容是开幕酒会舞台布景的制作，本例设计的舞台布景采用的元素以圆形为主，通过调整图形的不透明度来表现重叠、层次和远近关系。使用渐变底色和圆形作为背景，并用圆点线条和星光效果修饰文字，布景主题文字使用渐变色加上粗描边，以突出晚会主题。

↘ 7.1.1 绘制图形

01 文件\新建\文档，设置【页数】为1，【宽度】为3200毫米，【高度】为1500毫米，不勾选对页，单击【边距和分栏】，设置上、下、左、右的边距为0

02 用【矩形工具】绘制一个满版矩形，填充渐变色，起始色标为（25，50，0，0），结束色标为（80，100，0，30），勾选【图层】面板中的"切换锁定"复选框，单击【创建新图层】按钮

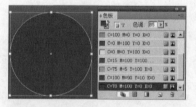

03 选择图层2进行后续的操作，按住Shift键，用【椭圆工具】绘制一个圆形，填充色为（70，100，0，0），色调为85%

04 绘制比前一个稍小的圆形，填充色为（35，65，0，0），水平垂直居中对齐

05 按照前两步的方法交替颜色，绘制大小不一的圆形

06 用【选择工具】选择前面绘制的一组同心圆，单击鼠标右键，选择编组，设置不透明度为30%

TIPS 制作知识 图层的应用

由于本案例使用的元素较多，因此，通过图层来分层归类元素，这样便于对象的选择。
在绘制交替颜色的同心圆时，可以绘制几个不同变换的圆，然后放大或缩小，或几个一组，或者叠放，摆在页面中。

07 按照上述方法绘制若干组大小不一的同心圆，分布在背景图的各个位置，不透明度都为30%

7.1.2 图形组合

01 勾选图层2的"切换锁定"复选框，再单击【创建新图层】按钮，在图层3上进行后续操作

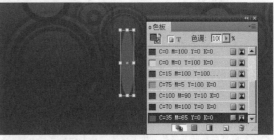

02 用【椭圆工具】绘制一个细长的椭圆形，填充色为（35，65，0，0）

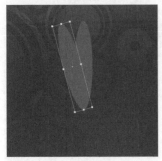

03 选择【旋转工具】，按住Alt键单击椭圆的下方，设置角度为15°，单击【副本】按钮

04 保持图形的选中状态，按Ctrl+Alt+3键，以椭圆下方为中心进行旋转复制，直至环绕为一个花形

05 用【选择工具】选择花形，单击【路径查找器】面板的【排除重叠】按钮

06 设置花形的不透明度为40%，将其复制并粘贴两次，分别放在页面的左上方与右上角，按住Ctrl+Shift键拖曳鼠标调整它们的大小，设置它们的填充色为（70，100，0，0），左上方花形的不透明度为70%，右上角花形的不透明度为35%

TIPS 制作知识 如何快速制作出几何图案

在Illustrator中重复上一次操作的快捷键是Ctrl+D，在InDesign中是Ctrl+Shift+3，此快捷键经常用来制作一些有规律的图形，然后配合【路径查找器】面板，可以制作出简单的几何图形。

↘ 7.1.3 效果设置

01 用【矩形工具】绘制一个小方格，设置填充色为纸色，对象\变换\切变，设置【切变角度】为15°，选择【垂直】单选框

02 用【选择工具】选择小方格，按住Shift+Alt键垂直向下拖曳鼠标进行复制操作，按Ctrl+Shift+3键，复制若干个小方格，然后编组，设置不透明度为60%

03 复制并粘贴方格条，用【旋转工具】旋转方格条为水平方向，设置不透明度为80%

04 用【直线工具】绘制3条水平直线和1条垂直直线，设置描边类型为原点，粗细分别为15毫米和10毫米，不透明度数值在20%~50%范围内，每条直线有明淡区别即可

05 选择【多边形工具】，单击页面空白处，设置【边数】为4，【星形内陷】为60%

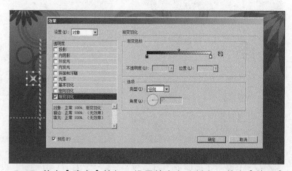

06 单击【确定】按钮，设置填充色为纸色，单击【效果】面板右侧的三角按钮，选择效果\渐变羽化，设置【类型】为径向

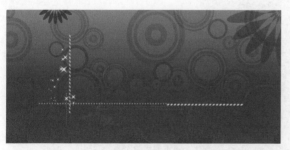

07 复制并粘贴若干个星光，摆放在页面左侧，并选择【选择工具】，按住Ctrl+Shift键拖曳鼠标，等比例缩放图形

08 输入"第52届全国汽车零配件展销会"，设置字体为"方正粗宋_GBK"，字号为250点，文字颜色为纸色，"52"的颜色为（0，20，100，0），单击【效果】面板右侧的三角按钮，选择效果\投影，【大小】为6毫米，其他保持默认值

09 输入"开幕酒会",设置字体为"方正行楷_GBK",字号为900点,文字填充渐变色,起始色标为(0,40,100,0),结束色标为(0,0,80,0),线性渐变,方向由上至下,描边色为(70,100,0,0),粗细为15毫米

10 用【文字工具】选择"幕",设置字体为1200点,使文字之间产生对比,加强页面表现力

11 输入"AUTO PARTS CHINA",设置字体为"Times New Roman",字号为200点,文字填充色为(35,65,0,0)

12 输入"THE 52TH CHINA AUTOMOBILE PARTS FAIR",设置字体为"Arial",字号为100点,文字填充色为(35,65,0,0),选择【直线工具】并按住Shift键拖曳鼠标,绘制一条垂直直线

TIPS　设计知识　如何使标题更加突出

在设计标题时改变某些重要文字的颜色、大小、字体或添加一些效果,可以达到突出显示的目的。

睡眠

运动

天气

饮食

旅游

生活环境

PART ① 特别关注

本期主题：我们的生活，我们的健康，我们做主

早餐是激活一天脑力的燃料，不能不吃。许多研究都指出，吃一顿优质的早餐可以让人在早晨思考敏锐、反应灵活，并提高学习和工作效率。研究也发现，有吃早餐习惯的人比较不容易发胖，记忆力也比较好。静听雨打落叶的声音，或望着鱼儿在水中优游的模样，都能给人安详宁静的心境。专家指出，与大自然结合的感觉可以减轻压力。在家中或办公室中种植盆栽，或养一缸鱼都是不错的建议。

7.2 灯箱广告设计

　　本例主要讲解灯箱广告的制作，灯箱制作采用文字对比的设计方法。广告的宣传主题是健康生活，因此，将版面的主体部分设计成为一个"碗"的外形，碗里装载着文字，上面飘着小气泡。用【钢笔工具】勾勒外形，通过文字字体、字号的对比，传达页面重要信息。圆形与三角形的搭配组合，打破页面的单一，红色渐变的晕染可以使颜色更丰富。

↘ 7.2.1 路径的操作

01 文件\新建\文档，设置【页数】为1，【宽度】为1000毫米，【高度】为1300毫米，不勾选对页，单击【边距和分栏】，设置上、下、左、右边距为0

02 输入"PART"，设置字体为Arial，字号为300点，填充色为（0，100，0，0）

03 输入"特别关注"，设置字体为"方正超粗黑_GBK"，字号为300点，填充色为（0，100，0，0）

04 输入"1"，设置字体为Arial-Black，字号为300点，填充色为纸色，用【椭圆工具】按住Shift键拖曳鼠标绘制一个能容纳"1"的圆，按Ctrl+【键置于文字下方，填充色为（0，100，0，0），水平垂直居中对齐

05 用【选择工具】选择文字"1"，按Ctrl+Shift+O键，将文字转为曲线，选择圆形和转曲文字，单击【路径查找器】面板中的【减去】按钮，使它们成为一个组合图形

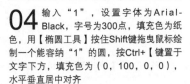

06 置入"资源文件\素材\第7章\健康生活.txt"，设置标题字体为"方正大黑_GBK"，字号为110点，段后间距为10毫米，居中对齐。正文字体为"方正中等线_GBK"，字号为60点，标题正文颜色为（0，100，0，0）

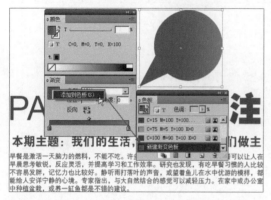

07 用【椭圆工具】按Shift键绘制圆形，用【钢笔工具】绘制不规则三角形，然后将两个图形叠加在一起

08 用【选择工具】选择这两个图形，单击【路径查找器】面板中的【相加】按钮，组合图形

09 设置渐变色，起始色标为（0，100，100，0），结束色标为（0，65，0，0），在【渐变填充】图标中单击鼠标右键，选择【添加到色板】，存储渐变色

10 在图形中，用【渐变色板工具】由上至下拖曳鼠标，调整渐变方向

11 复制并粘贴5个相同的图形

12 选择图形，用【旋转工具】旋转图形，使图形都向下指示

13 用【选择工具】选择图形，按住Shift+Ctrl键拖曳鼠标，等比例缩放图形

14 分别输入"饮食""睡眠""天气""旅游""运动"和"生活环境"，设置字体为"方正黑体_GBK"，字号为100点，填充色为纸色，放在各图形的中间位置

15 按照页面大小，用【矩形工具】绘制矩形，填充渐变色，起始色标为纸色，在渐变条的中间添加一个色标，颜色为纸色，结束色标为（0，100，0，0），按Ctrl+Shift+【键，置于底层

7.2.2 角选项的设置

01 用【钢笔工具】绘制一个抽象的碗的轮廓，设置描边为17点，颜色为（15，100，100，0）

02 用【钢笔工具】按照上一步绘制的图形再绘制一个，并且两者之间保持一定的间距，设置描边为60点，颜色为（0，100，0，0），色调为50%

TIPS 制作知识　如何为外框制作角效果

使用角选项命令，可以快速地为路径应用上各式各样的角效果。

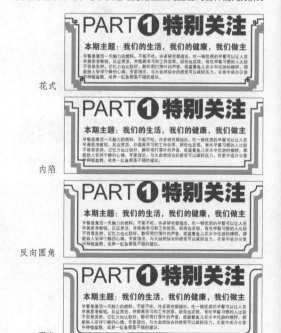

花式

内陷

反向圆角

圆角

03 用【选择工具】选择两条路径，对象\角选项，设置【效果】为斜角，【大小】为30毫米

第 **08** 章

标题字设计
——文字的效果

如何做好文字设计？

在设计文字时，要与表达的主题内容相符合，例如，优美清新、线条流畅的字体适合化妆品、生活用品和服务行业等；造型规整、笔画粗犷有力度的字体适合机械产品、科技产品等；造型生动活泼、色彩鲜艳的字体适合儿童用品、运动休闲和时尚商品等内容；笔画苍劲的字体适合带有民族风俗的内容。因此，在对文字进行变形设计时，不能与表达的主题脱离。在设计过程中，也不要一味强调文字个性而将文字拆解得无法识别，从而失去文字最重要的功能，即识别性。首先要了解文字的结构及其主干笔画，在设计时主干笔画不能破坏，若不了解文字结构，在易于设计的笔画上稍作变形即可。

我们需要掌握什么？

本章讲解的核心是通过简单的操作、易于掌握的方法，达到美化版面的效果。在InDesign中输入的文字都是矢量的，通过转曲将文字变为矢量图形，然后通过相应的工具对文字进行设计，配上效果设置，使文字达到具有视觉冲击力的效果。

农作物调研

执行手册

李小华　编著

北京海蓝文艺出版社

8.1 书籍名称的文字设计

　　本例主要讲解书籍名称的文字设计，文字一向是设计中的重点，对文字使用一款字体，很容易就安排了它在页面中的角色，很规矩、很协调，但有时候也很乏味。如何让文字带来视觉冲击力呢？可以通过将文字转为曲线，对文字局部笔画进行拉伸或用其他元素替代，让文字之间在笔画粗细、大小上产生对比，引人注意的设计往往包含大量的对比。

↘ 8.1.1 文字转曲

TIPS 制作知识 临时切换选择工具

　　选择【文字工具】后，按 Ctrl 键可以将当前工具临时切换为【选择工具】，松开 Ctrl 键即可恢复为【文字工具】。

TIPS 设计知识 文字设计小技巧

　　对文字进行变形设计，本例采用"方正综艺_GBK"作为基础字体，然后在此基础上进行变形，对字体结构不是很了解的读者比较容易操作，而且设计效果也比较明显。

01 打开"资源文件\素材\第8章\8-1书籍名称的文字设计1.indd"文件

02 用【选择工具】选择文字，文字\创建轮廓，用【直接选择工具】框选"农"字的局部笔画

03 将光标放在笔画上，当光标变为"↖↗"时，向左拖曳鼠标，再按住Shift键，水平拉伸笔画

04 按照上述方法，用【直接选择工具】分别调整"农"和"研"的局部笔画

家居设计

李小华　张明明　郭晓松　编著

室内设计师必备的工具书

北京海蓝文艺出版社

北京海蓝文艺出版社

TIPS 设计知识 如何让设计的文字更便于识别

　　笔者在设计这组文字时，大胆地删除了主干笔画。对文字进行填补和变形笔画时，没有太夸张地设计，依然保持着基础字体的一些笔画风格，所以设计出来的文字比较容易识别。

TIPS 制作知识

　　用【直接选择工具】框选锚点，按Del键删除笔画，如果没有删除完，则继续用【直接选择工具】框选锚点进行删除。如果担心框选时将不需要删除的锚点也选中了，而误删除笔画，可以按 Shift 键连续点选锚点进行删除。

01 打开"资源文件\素材\第8章\8-1书籍名称的文字设计2.indd"文件

02 将文字转为曲线，用【直接选择工具】选择"家"字的一半笔画，按Del键删除

03 用【矩形工具】绘制若干个与文字笔画差不多宽度的矩形，组成完整的"家"字

04 用【椭圆工具】按住Shift键绘制圆形，描边为7点

05 选择圆形，用【剪刀工具】单击圆形上下的中间位置，即将圆形分为两半。选择右边一半，按Delete键删除

06 用【直接选择工具】选择"居"字的部分笔画

07 按Delete键删除

08 用【钢笔工具】绘制删除掉的笔画

09 用【直接选择工具】框选"设计"，将"设计"的锚点都选中

10 剪切"设计"，单击鼠标右键，选择原位粘贴。向下移动"设计"，使它与"居"底对齐

11 选择"设"的部分笔画，按Delete键删除

12 选择"设"的言字旁下方的两个锚点，往下拖曳，与"居"底对齐。选择右边的笔画，往下拖曳，与"计"的部首对齐。用【钢笔工具】绘制"设"下方的笔画，描边为7点

TIPS　制作知识　如何快速切换【选择工具】

　　按V键可将当前工具切换为【选择工具】（工具箱中黑色箭头），按A键则可切换为【直接选择工具】（工具箱中白色箭头）。通常【选择工具】用来编辑对象，而【直接选择工具】则是编辑内容的。

　　注意：如果当前工具是【文字工具】，且正在编辑文字时，不可用此方法切换工具。

13 选择"计"的部分笔画，按Delete键删除，往下拖曳言字旁下方的两个锚点，与"居"底对齐。用【矩形工具】绘制同笔画粗细的横条，使"设"与"计"的笔画相连接

14 用【矩形工具】绘制矩形，填充色为（0，0，0，60），输入作者名，设置字体为"方正中等线_GBK"，字号为10点，填充色为纸色。按Ctrl+Shift+M键在文字之间插入全角空格

15 调整填补的笔画的位置，使文字更协调。用【直接选择工具】选择"设"部首的点，剪切并原位粘贴

16 选择部分笔画，设置填充色为（0，0，0，60），使文字既有笔画对比又有颜色对比

北京海蓝文艺出版社

8.2 广告口号的文字设计

　　本例主要讲解广告口号的文字设计，这则广告是为宣传新款笔记本而做的。选择一款中文基础字体，用圆形作为点缀，使文字的笔画产生卷曲效果。再使用一款笔画较粗的英文字体，搭配效果制作出霓虹灯的文字效果。

↘ 8.2.1　装饰文字

01 打开"资源文件\素材\第8章\8-2广告口号的文字设计.indd"文件

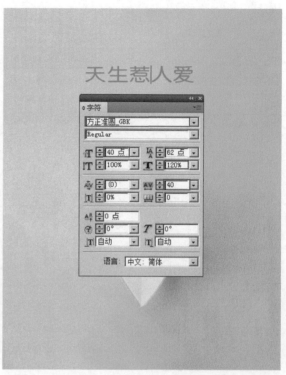

02 输入"天生惹人爱"，设置字体为"方正准圆_GBK"，字号为40点，水平缩放为120%，字符间距为40，填充色为（0，60，80，0）

TIPS 设计知识　如何使装饰图形更加自然

　　在添加两个作为修饰的小圆时，设置的粗细要与笔画的粗细相近似，摆放的位置可以是文字的起始笔画或结束笔画，并且紧靠文字，让修饰的图形看起来更自然。

03 用【椭圆工具】绘制两个圆形，设置描边粗细为3.4点，描边色为（0，60，80，0），分别放在"天"的左上角，"爱"的右下角

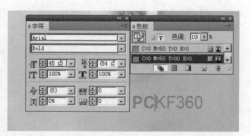

04 置入"资源文件\素材\第8章\广告文字.txt"文件，剪切并粘贴"PCKF360"，设置字体为"Arial"，字号为45点，填充色为（0，60，80，0），"PC"的样式为"Bold"

TIPS 设计知识 推敲页面元素的位置

在设计制作时，页面中的每个元素都需要有视觉上的联系与对比，随意摆放只会让人觉得画面粗糙，缺乏细节。在设计每个方案时，元素的位置都需经过仔细推敲，这样才能经得起视觉上的审视。

05 剪切并粘贴"多彩冰激凌机身·俏皮表情灯·3D梦幻呼吸灯"，设置字体为"方正细圆_GBK"，字号为9点。用【文字工具】全选文字，按住Alt+→键调整字符间距，使其与"PCKF360"的宽度对齐

06 剩余文字设置字体为"方正中等线_GBK"，字号为9点，填充色为（0，60，80，0）

07 置入"资源文件\素材\第8章\笔记本2.ai"图片到页面中

8.2.2 透明度效果的设置

01 输入字母"I"，设置字体为"Arial"，字号为100点，字符样式为"Black"，填充色为纸色，描边色为（0，20，0，0），粗细为2点

02 输入字母"CE CREM"，设置字体为"Arial"，字号为60点，字符样式为"Black"，填充色为纸色，描边色为（0，20，0，0），粗细为2点

03 用【选择工具】选择文字，单击【效果】面板右侧的三角按钮，选择外发光，设置【模式】为色相，【不透明度】为100%，【方法】为柔和，【大小】为10毫米

04 用【钢笔工具】按照文字大小勾勒出轮廓，设置描边粗细为2.8点，类型为圆点，颜色为（0，60，0，0）

05 输入"冰激凌笔记本"，设置字体为"方正准圆_GBK"，字号为14点，填充色为（0，60，80，0）

第 **09** 章

画册设计——
图片的置入与管理

如何做好画册？

在设计画册之前，要与客户进行详细沟通，确定画册的整体设计风格，一味地闭门造车是很难达到客户要求的。首先要确定画册的性质，企业画册主要宣传企业的优势和风貌，产品画册主要展示产品的特点，宣传画册主要用于传递信息。如何让画册变为一个艺术品，供人们收藏呢？顾名思义，画册以图为主，此时文字成为辅助作用，在设计时应选择中等线类字体和较小字号。主题产品或主要宣传的图片可以撑满整个页面或半版，次要图片统一缩放相同大小，整齐码放在一起，这样会使版面简洁高雅，但简洁并不等于简单，在画册中还可使用较细的线条或与图片颜色相近的色块进行修饰。

我们需要掌握什么？

客户提供的图片，需要我们具有投资者的眼光，从众多图片中挑出具有代表性的，并且符合印刷要求的图片。如何挑选符合印刷的图片呢？需要我们掌握3项知识：分辨率、清晰度和图片尺寸。成千上万张的图片需要进行管理，否则反复修改会使工作变得繁乱。规范的流程、科学的操作是减轻工作负担的方法，即前期将图片进行分类，过程中不随便乱放图片，修改替换图片时放在统一位置。

9.1 室内表现公司 的画册设计

　　本例讲解的主要内容是室内画册设计。本画册以大图配局部小图为整体风格。图与图之间留有小空隙，通过对齐选项对版面进行调整，使版面严谨。调整图片大小和裁剪图片是本例的主要操作，为满足版面要求需要对一些图片进行裁剪，这是经过客户同意的，若用户不同意则不能随意裁图，否则有可能会破坏图片本身的构图。

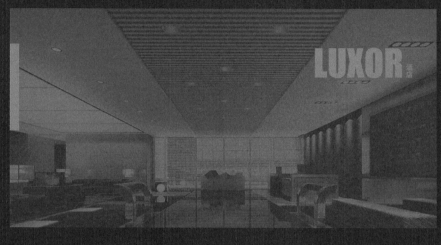

↘ 9.1.1　置入图片

01 打开"资源文件\素材\第9章\9-1画册\画册.indd"文件。用【矩形工具】按照页面大小绘制矩形，设置填充色为（40，100，100，25）

02 输入"KONGJIAN"，设置字体为Impact，字号为76点，描边粗细为0.75点，描边色为（40，55，100，25）

03 输入"室内装潢效果最新空间鉴赏"，设置字体为"方正中等线_GBK"，字号为20点，水平缩放为110%，字符间距为120，填充色为（0，60，100，0）

04 输入"魏晓晓　编著"，设置字体为"方正中等线_GBK"，字号为10点，填充色为（40，55，100，25）

05 置入"资源文件\素材\第9章\9-1画册\2-1.jpg"图片至页面2中

06 置入图片 "4-1.jpg" 至页面4中

07 文件\置入，按住Shift键连续选择 "6-1.jpg" "6-2.jpg" 和 "6-3.jpg"，单击【打开】按钮，在没有单击页面的前提下，在页面6中按住Ctrl+Shift键，按照版心大小拖曳一个选框

08 不松开鼠标，按↓和←键调整网格为2×2

09 松开鼠标，将图片按照网格位置置入到页面中

10 按照上述方法，根据图片的名称将图片分别置入到页面中（图片的前一个数字表示页数，后一个数字表示顺序，置入一张图时，直接单击置入图片即可）

10

11

12

13

15

↘ 9.1.2 调整图片的大小及位置

01 用【选择工具】选择图片"2-1.jpg"，将鼠标移至图片框下方中间的角点位置，当光标变为"↕"时，向上拖曳至出血位置

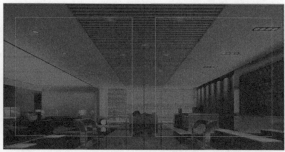

02 用【矩形工具】绘制一个页面大小的矩形，填充色为（40，55，100，25），按Ctrl+Shift+【键置于底层，选择图片，在【效果】面板中选择混合模式为正片叠底

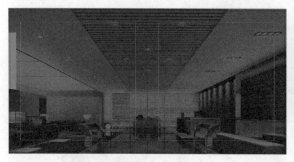

03 用【矩形工具】绘制矩形，填充色为（0，60，100，0），放在左页面的出血位置上

04 输入"LUXOR"，设置字体为Impact，字号为115点，输入"酒店"，设置字体为"方正大黑_GBK"，字号为22点，两者填充色为（0，60，100，0）

05 选择图片"4-1.jpg"，将光标移至图片框左边中间的角点位置，当光标变为"↔"时，向左拖曳至订口位置

06 打开"资源文件\素材\第9章\9-1画册\文字内容.txt"文件，复制LUXOR酒店描述的中文和英文，将其粘贴至页面5中。设置复合字体为"中等+century gothic"，标题和内文均使用复合字体，标题字号为18点，内文字号为10点，标题填充色为（0，60，100，0）

07 选择页面6中的全部图片，单击控制面板上的【框架适合内容】按钮，选择图片"6-3.jpg"，按住Ctrl+Shift键拖曳图片右下角的角点，等比例放大图片

08 将光标放在图片左边中间的角点位置，向右拖曳鼠标，然后移至右边中间的角点位置，向左拖曳鼠标，遮挡图片的部分，只保留图片中的楼梯部分

09 选择图片"6-1.jpg"和"6-2.jpg"，在【对齐】面板中勾选【使用间距】复选框，输入2毫米，单击【水平分布间距】按钮

10 选择图片"6-1.jpg"，按住Ctrl+Shift键拖曳图片左上角和左下角的角点，拖曳图"6-2.jpg"左右两边的角点，使其与上图顶对齐，与右图底对齐

11 按照页面6调整图片的方法，调整页面7

12 用【矩形工具】绘制一个跨页矩形，填充色为（40，55，100，25），复制"文字内容.txt"中的"01-LUXOR/Deeply Sleeping Pharaoh/"，设置字体为"中等+century gothic"，字号为10点，填充色为纸色

13 调整页面8和页面9的图片大小及位置，用【矩形工具】绘制矩形，填充色为（40，55，100，25），复制"文字内容.txt"中的"欧式大厅"，设置字体为"中等+century gothic"，字号为10点，填充色为纸色

14 调整页面10和页面11的图片大小及位置，复制"文字内容.txt"中的"欧式大厅"后两段文字，设置字体为"中等+century gothic"，字号为8点，填充色为黑色

TIPS 制作知识 等比例缩放图片和裁图

在调整图片大小时，先按住 Ctrl+Shift 键拖曳图片（等比例缩放图片，不能随意拖拉图片，容易使图片变形），将图片放大到适合大小，然后按照版面位置，用【选择工具】拖曳角点，遮挡图片的多余部分。若显示的部分不满意，可以用【直接选择工具】调整图片在框内的显示部分，方法是将光标放在图片上，当光标变为"🖐"时，移动图片即可。

15 调整页面12和页面13的图片大小及位置，用【矩形工具】绘制矩形，填充色为（40，55，100，25），复制"文字内容.txt"中的"01-LUXOR/Deeply Sleeping Pharaoh/"，设置字体为"中等+century gothic"，字号为10点，填充色为纸色

16 调整页面14和页面15的图片大小及位置

TIPS 制作知识 移动的技巧

选择一个对象，按住 Shift+ 键盘方向键，以光标键数值的 10 倍移动物体；按住 Ctrl+Shift+ 键盘方向键，以光标键数值的 1/10 移动对象。

↘ 9.1.3 知识拓展

1.设计知识

色彩对图片的影响。

在设计画册时，每一个对页上所摆放的图片都是有考究的，尽量选择色彩相近的图片，这样使页面看起来整齐统一，若图片色彩各异，则会使页面显得杂乱无章，人们在视觉上也会感觉烦乱。

图片色彩统一

图片色彩各异

2.制作知识

（1）置入图片的其他操作方法。

通过 Bridge 窗口来浏览和寻找需要的图片，然后将图片拖曳到页面中完成置入操作。通过 Bridge 窗口可以查看、搜索、排序、管理和处理图像文件，还可以通过 Bridge 窗口来创建新文件夹、对文件进行重命名、移动和删除操作、编辑原数据、旋转图像，以及运行批处理命令。

01 单击控制面板右上角的【转到Bridge】按钮▣

02　选择图片存放的路径

03　单击【Adobe Bridge】窗口右上角的【切换到紧凑模式】按钮，将【Adobe Bridge】窗口放到InDesign的左侧

04　通过【Adobe Bridge】窗口下方的滚条调整图片显示的大小，然后选择一张图片，按住鼠标左键不放，将图片拖曳至InDesign的页面中即可

（2）图片的规范管理。

图片的规范管理尤为重要，在排版上百或上千页的画册时可以体现出其重要性。

①规范命名。

本案例事先设计好哪张图片排在哪页哪个位置，图片名称是按照图片所在页数和位置起名的，例如，第15页中有4张图片，图片D在最下方，可将其名为15-4，这样可防止图片名重复，并且容易查找。如果客户在交给设计师原文件时，图片已有名称，则不必更改；如果客户交来的图片没有分类，并且多张图片名字相同，则需要设计师按照规范的、科学的方法为图片命名。

②妥善存放图片。

在开始动手之前，一定要勾画好文件的结构，笔者按照自己的习惯提供一个规范放置文件的方法供读者参考。在工作盘中新建文件夹，将其命名为项目名称，例如，某公司的年鉴画册，在此文件夹下新建4个文件夹，文件夹的名称和作用如下："原始文件"文件夹，专门放置客户提供的文件，不得在该文件夹中进行任何操作，只能将文字或图片复制并粘贴到其他文件夹中进行操作。"制作文件"文件夹，专门放置制作的InDesign文件和其链接的图片。

"备份文件"文件夹，放置不同时期的备份文件，避免文件发生错误，造成损失。"杂物"文件夹，专门放置设计师自己搜集的素材、备用的素材，以及暂时不能删除的文件。

读者在存放图片时，一定要将用到的图片与InDesign文件存放在同一个文件夹中。所进行的置入操作，只是将图片链接到InDesign文件中，图片还在外部并不在InDesign文件内部，所以，用到的图片不能删除，必须保留，而且必须与InDesign文件放在同一个文件下，不能将图片乱存乱放，这样才不容易丢失图片。

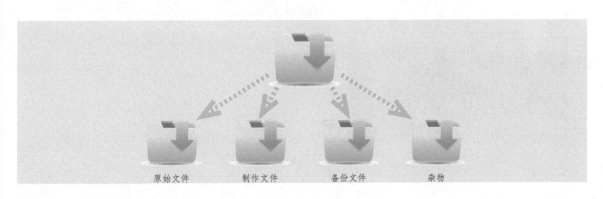

原始文件　　　制作文件　　　备份文件　　　杂物

9.2 风景画册设计

　　本例讲解的主要内容是风景画册设计，本画册多以小方格图展示为主，部分大图为辅。本例提供已完成的设计作品，但作品当中存在很多问题，不符合印刷要求，需要使用【链接】面板进行调整和修改。

罗列办公大楼

　　呈现26英尺（6米）的大折造型，掩饰了这座典地利康士坦克调讼私有部步道管理大楼承控制中心其小巧的体积。为蒙汉感来着于水乌想象地承糖直立的意象，建筑师边断性地将主体建筑浮筑于地面之上——这样的形式展开合审真又满足实用，因为该场地容器受到小板楼的洞洗。建筑廓它Q字一个独立的基座上，从里有卫生间入口，从某份特定的角度看，建筑物似乎暴浮于水泥上的半空中。

　　在结构上，振浇混凝土悬臂管体，彰拳加独合梁都的效果，使冠被管的混凝土楼面以保持相当薄的偶乘感。管体各各的支撑钢材吸收了曲悬骨产生的主要张力。水平向的长醒醒通了建筑体的直线形。室内落汗木材的平行板起着同样的作用，它们不仅排列在楼梯上，还陪列在墙体基至显夫笔板处。混凝土建筑物的外表海彩分保保着未完成的状态，为建筑物表亩留下了式样与肌理。

1 爰立图
2 从屋台望去内景象
3 西立面，原沙锻加工段辉末垦市器下的唐约结构样式群

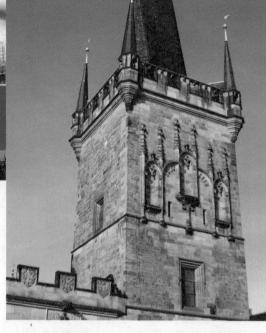

4 春膏管辣来滴开头部的阳台
5 铜板瓷面
6 加置的夏洲彩瓷模样式

纵向住宅

法住宅为一对孪为一体的度假小屋，为了两位亲如手足的孪生兄弟而设计。在该项目开始时，其中一人刚迎来新的家庭，另一人则为单身。这个项目主要应用了折叠带状的混凝土，以标识叠带构筑体交错作为楼梯、墙体和天花板。约10000平方英尺（929平方米）的建筑物呈连续不断的线性位于狭长的场地。建筑的一侧为看密集的森林，另一侧附以100英尺（30米）高耸密集框塔之上。该设计试图让使者通过住屋纵向立面上特征鲜明的窗户未来享受这些自然风景。两兄弟各自的私密空间位于长条建筑两个相反为向的尽端，长备中间部分分布看固浴池、会客厅和其他共享空间。

该混凝土带河笔直的纵横钢筋混凝土制造，由纤细的钢柱进行支撑。其顶面则小心地隐藏在折叠带中。混凝土在一些部位没有进行饰面处理，为其他部分洞作为各种具有潜在变化可能的饰面材料的发展。

在此设计完成之后，兄弟中代办此住宅的一人出钱买断了另一人对于此项目的拥有权，如今他计划进行另一个项目未建造此建筑的微小版本。

名称：克莱顿州岩画廊
2001年竣工
建筑师：VJAA

1　室内与室外空间的流畅性，显示了关系于混凝土板的各种材料
2　植入混凝土结构的模数图表
3　基础种植示意
4　第一、第二及第三层平面图

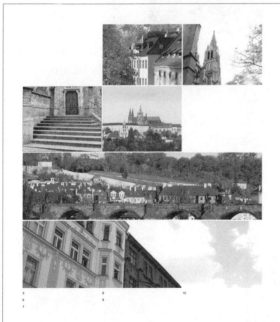

5　结构橱密图
6　模型照
7　室内的透视渲染图，显示与场地的连续
8　标准的工作模型
9　轴测鸟瞰，显示部分为本项目
10　钢主模型的绘制
11　基本结构示意图
12　纵向透视图，显示计算机制算的景象
13　纵向透视观图，显示计算机制算的景象

↘ 9.2.1　修复缺失链接

01 打开"资源文件\素材\第9章\9-2画册\9-2画册.indd"
文件，弹出提示缺失链接的对话框，单击【确定】按钮

02 窗口\链接，在【链接】面板中找到带问号图标的图
片，单击【转至链接】按钮 ，自动找到页面中的
图片

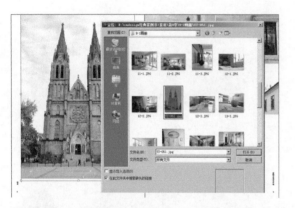

03 单击【重新链接】按钮 ，在【查找范围】中选
择"资源文件\素材\第9章\9-1画册"文件夹中名为
"YT-051"的图片

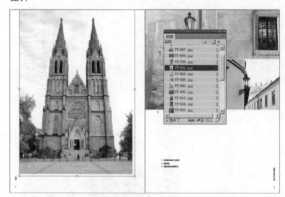

04 单击【打开】按钮，完成修复缺失链接的操作

TIPS 制作知识　为什么链接面板中有问号

　　当【链接】面板中出现"❓"时，表示图片不再位于置入时的位置，但仍存在于某个地方。如果将 InDesign 文档或图片的原始文件移动
到其他文件夹，则会出现此情况。

↘ 9.2.2　检查图片分辨率和色彩空间

　　符合印刷的图片要求分辨率为300ppi，色彩空间为 CMYK，下面检查画册中的图片是否符合印刷要求。

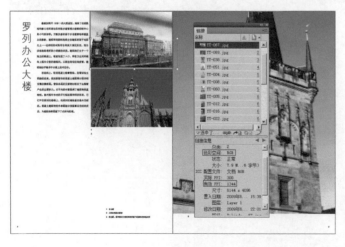

TIPS 制作知识　实际PPI和有效PPI

　　实际 PPI 是指图片本身的分辨率。有效 PPI 是指图
片经过缩放后的分辨率。

01 用【直接选择工具】选择页面2的第1张图
片，单击【链接】面板左下角的三角按钮，
查看图片的有效分辨率为1344，色彩空间为RGB

02 检查页面2的余下图片，结果是分辨率都符合印刷要求，但色彩空间都为RGB。选择页面2中的一张图片，单击【编辑原稿】按钮 打开Photoshop，图像\模式\CMYK颜色

TIPS 制作知识　链接调板中的感叹号

当【链接】面板中出现"⚠"时，表示图片已经修改，单击【更新链接】按钮即可。

03 保存在Photoshop中打开的图片，回到InDesign中，单击【更新链接】按钮

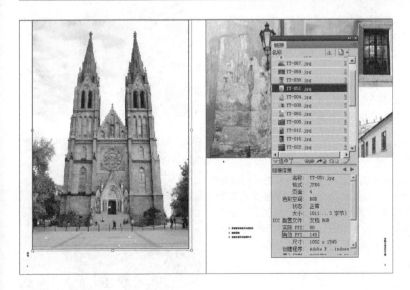

04 检查页面4的第1张图片，图片的有效分辨率为145ppi，不符合印刷要求。只能向客户要高分辨的图片或将图片缩小

05 按照上述操作将剩下的图片检查完毕，将不符合印刷要求的色彩空间都改为CMYK，分辨率没有达到300ppi的图片，通过与客户沟通进行解决

↘ 9.2.3　知识拓展

印刷知识

（1）与 InDesign 有关的图片格式。

InDesign 支持多种图片格式，包括 PSD、JPEG、PDF、TIFF、EPS 和 GIF 格式等，在印刷方面，最常用到的是 TIFF、JPEG、EPS、AI 和 PSD 格式。下面将讲解在实际工作中如何挑选适合的格式。

① TIFF。

用于印刷的图片多以 TIFF 格式为主。TIFF 是 Tagged Image File Format（标记图像文件格式）的缩写，几乎所有工作中涉及位图的应用程序（包括置入、打印、修整及编辑位图等），都能处理 TIFF 文件格式。TIFF 格式有压缩和非压缩像素数据。如果压缩方法是非损失性的，图片的数据不会减少，即信息在处理过程中不会损失；如果压缩方法是损失性的，能够产生大约 2：1 的压缩比，可将原稿文件大小消减到一半左右。TIFF 格式能够处理剪辑路径，许多排版软件都能读取剪辑路径，并能正确地减掉背景。

读者需要注意的是如果图片尺寸过大，存储为 TIFF 会使图片在输出时出现错误的尺寸，这时可将图片存储为 EPS。

② JPEG。

JPEG 一般可将图片压缩为原大小的 1/10 而看不出明显差异。但是，如果图片压缩太多，会使图片失真。每次保存 JPEG 格式的图片时都会丢失一些数据，因此，通常只在创作的最后阶段以 JPEG 格式保存一次图片。

由于 JPEG 格式采用有损压缩的方式，所以，在操作时必须注意：

四色印刷使用 CMYK 模式。

限于对精度要求不高的印刷品。

不宜在编辑修改过程中反复存储。

③ EPS。

EPS 文件格式可用于像素图片、文本及矢量图形。创建或编辑 EPS 文件的软件可以定义容量、分辨率、字体、其他的格式化和打印信息。这些信息被嵌入到 EPS 文件中，然后由打印机读入并处理。

④ PSD。

PSD 格式可包含各种图层、通道等，需要进行多次修改的图片建议存储为 PSD。这种格式的缺点是增加文件量，打开文件速度缓慢。

⑤ AI。

AI 是一种矢量图格式，可用于矢量图形及文本的存储，如在 Illustrator 中编辑的图片可以存储为 AI 格式。

（2）与 InDesign 有关的色彩空间。

一般图片常用到 4 种模式：RGB、CMYK、灰度、位图。

① RGB 与 CMYK。

在排版过程中，经常会处理彩色图片，当打开某一个彩色图片时，它可能是 RGB 模式，也可能是 CMYK 模式。用于印刷的图片必须是 CMYK 模式。

RGB 模式是所有基于光学原理的设备所采用的色彩方式（显示器就是以 RGB 模式工作的），CMYK 模式是颜料反射光线的色彩模式。RGB 模式的色彩范围要大于 CMYK 模式，所以，RGB 模式能够表现许多颜色，尤其是鲜艳而明亮的色彩，不过前提是显示器的色彩必须是经过校正的，这样才不会出现图片色彩的失真，这种色彩在印刷时是难以印出来的。

设计师还应注意的是，对于所打开的图片，无论是 CMYK 模式，还是 RGB 模式，都不要在这两种模式之间进行多次转换。因为在图像处理软件中，每进行一次图片色彩空间的转换，都将损失一部分原图片的细节信息。如果将一幅图片一会儿转成 RGB 模式，一会儿转成 CMYK 模式，图片的信息丢失将会很大，因此，需要印刷的图片要先转为 CMYK 模式再进行其他处理。

② 灰度与位图。

位图与灰度是 Photoshop 中最基本的色彩模式。灰度模式是从白色到黑色范围内的 256 个灰度级来显示图像，可以表达细腻的自然状态。而位图模式只用两种颜色——黑色和白色来显示图像。因此，灰度图看上去比较流畅，而位图则会显得过渡层次有点不清楚。所以，如果图片是用于非彩色印刷而又需要表现图片的阶调，一般用灰度模式；如果图片只有黑和白不需要表现阶调层次，则用位图。

灰度图

位图

（3）常用分辨率设置。

图片的用处不同，设置的分辨率也不一样。

①喷绘。

喷绘是指户外广告，因为输出的画面很大，所以其输出图片的分辨率一般为 30~45ppi。喷绘的图片对分辨率没有标准要求，不过设计师需要根据喷绘尺寸大小、使用材料、悬挂高度和使用年限等因素来考虑分辨率。

②网页。

因为互联网上的信息量较大、图片较多，所以，图片的分辨率不宜太高，否则会影响网页打开的速度。网页上的图片分辨率一般为 72ppi。

③印刷品。

印刷品的分辨率要比喷绘和网页的要求高，下面列举 3 个常见出版物分辨率的设置。

报纸以文字为主，图片为辅，所以，分辨率一般为 150ppi，但是彩色报纸对彩图要求要比黑白报纸的单色图高，分辨率一般为 300ppi。

期刊、杂志的分辨率一般为 300ppi，也要根据实际情况来设定，如期刊、杂志的彩页部分需要设置为 300ppi，而不需要彩图的黑白部分分辨率可以设置得低些。

画册以图为主文字为辅，所以，要求图片的质量较高。普通画册的分辨率可设置为 300ppi，精品画册则需要更高的分辨率，一般为 350~400ppi。

（4）印前检查。

印前检查是 InDesign CS4/CS5 的一个新增功能，用于随时检查文档是否存在印刷错误。在状态栏处显示当前文件是否有错误，绿色、红色或问号图标表示了每个文档的印前检查状态。绿色表示文档没有报错。红色表示有错误。问号表示状态未知。双击状态栏的印前检查，可打开【印前检查】面板。

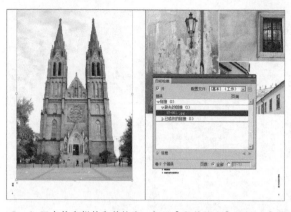 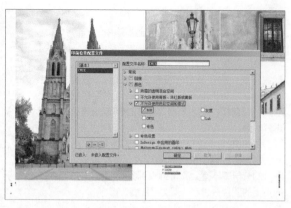

01 双击状态栏的印前检查，打开【印前检查】面板，【错误】列表框中会显示错误的地方，逐一点开三角按钮，双击错误的地方，页面会跳转到错误的地方

02 单击面板右侧的三角按钮，选择定义配置文件，可以设置印前检查的范围。单击【新建印前检查配置文件】按钮，在配置文件名称中输入"CMYK"，选择"颜色\不允许使用色彩空间和模式"，勾选【RGB】复选框

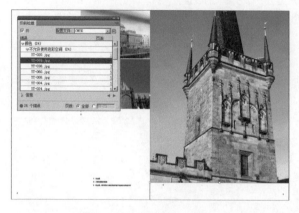

03 单击【存储】和【确定】按钮，在【配置文件】中选择"CMYK"，则在【错误】列表框中显示使用RGB色彩空间的图片

TIPS 制作知识 移动的技巧

　　选择一个对象，按住 Shift+ 键盘方向键，以光标键数值的 10 倍移动物体；按住 Ctrl+Shift+ 键盘方向键，以光标键数值的 1/10 移动对象。

TIPS 制作知识 如何检查版面上的某个图片是缩小还是放大

　　用【直接选择工具】选择图片，通过控制面板中的"水平缩放百分比"和"垂直缩放百分比"的数值可以判断该图的缩放，100% 表示没有缩放，大于 100% 表示放大，小于 100% 表示缩小。

第 **10** 章

菜谱设计——
图片的编辑

如何做好菜谱？

菜谱设计并不是简单地将菜名和图片罗列上去，而是让消费者从菜单上了解餐厅的特色文化。在设计菜谱时要明确设计是服务于餐厅经营的，要与菜品介绍相融合，整体感要强，使用的颜色要与餐厅色调相协调。菜单设计上要符合餐厅风格。如果餐厅是历史悠久的老字号，设计上可以采用古朴的国画，以古铜色或深红色为基调。西餐厅则可采用欧式花纹，以深棕色或橄榄绿为基调。菜谱印刷要精美，且时常更换，若时间久了，菜谱表面破损会影响顾客的食欲。

我们需要掌握什么？

对菜谱设计进行了解后，如何通过软件功能实现我们的想法呢？通过移动、旋转、缩放和排列图片，让图片更规整。通过设计图形框架、剪切路径和效果处理，让图片在规整中又富于变化。

10.1 酒楼的菜谱设计

本例主要讲解酒楼的菜谱设计。该餐厅主要以中餐为主，所以，在设计时以花鸟图案为背景，主色调为棕色，以订口为中心轴进行装饰设计，然后向两边延伸。调整字号大小，突出每款菜肴的标价，图片摆放整齐与菜名介绍相对应。

↘ 10.1.1 移动并缩放对象

01 打开"资源文件\素材\第10章\10-1酒楼菜谱\10-1酒楼菜谱.indd"文件

02 置入"资源文件\素材\第10章\10-1酒楼设计\菜谱内容.txt"到页面中，将由空行隔开的每组文字剪切并粘贴为独立的文本框，并摆放在页面中

EUROPEAN RESTAURANT

make its life tasty

T!

世纪
华的
自动
餐性
的

鱿鱼

其口
边吃，

采寻之
小做按

ables

取料名
自无污

about us

drink

FOOD

our cook

conctars

PRESENT-DAY MENU

冰糖肘子 pork joint stewed with rock sugar

按照正宗的常德钵子菜烹法，精心烹制而成。其口味鲜嫩，酥烂、汤汁鲜美、带炉上桌，边煮边吃，鲜香四溢，闻之令人食欲大增。

26元/位

菠萝焗烧鸭 fried duck with pineapple

其所食之料为美食家一直乐此不疲地想探寻之源，然终不得知，只了解该牛肉出自从小做按摩、听音乐、喝啤酒的贵族神户牛。

36元/位

PRESENT-DAY MENU

打破传统烧肉，脆而不化，入口后无沾牙感。特邀请广东烧腊名师，精心挑选优质五花楠，经过多道复杂而技巧的工序，用优质木炭烤制而成。特点：肥而不腻，皮脆松化，香咸适口。常吃益智，能清凉降火，消暑止渴，修补心肌，清除心脑血管疾病，预防心肌梗塞。

PRESENT-DAY MENU

菜心素鳗 mustard green stem with vegetables

清淡别雅，形如花开，让人不忍下箸。取料名贵，选自三年生长期的深海鲍鱼仔，和来自无污染海域的澳洲鲜带子。

36元/位

03 设置第1、2、5、7和8段文字的英文标题字体为Trajan pro，字号为14点，第1段英文标题的填充色为（0，100，100，30）

04 设置两个简介的字体为"方正黑体_GBK"，字号为10点，填充色为（0，100，100，30），其内容的字体为"方正中等线_GBK"，字号为8点，段落样式设为"内容介绍"

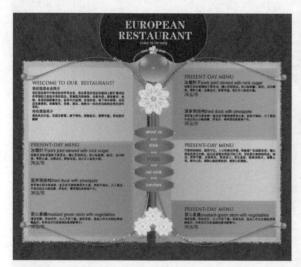

05 将菜肴的介绍都应用"内容介绍"样式

06 用【文字工具】选择菜名的中文，设置字体为"方正中等线_GBK"，字号为12点，垂直缩放80%，字符样式设为"字符样式1"

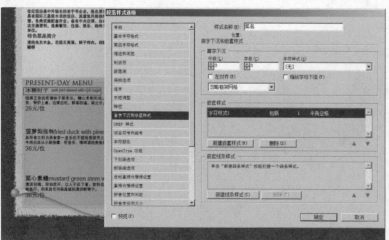

07 选择菜名的英文，设置字体为Arial，字号为7点，填充色为（0，100，100，0），段后间距为1毫米，段落样式设为"菜名"，再设置嵌套样式，选择"字符样式1"，字符设为半角空格

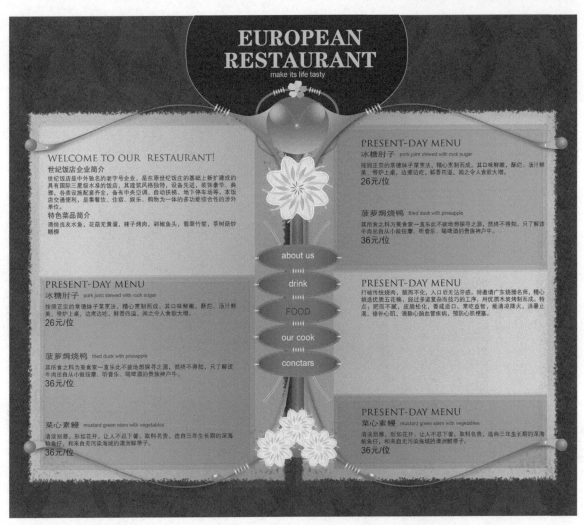

08 在菜名的中文与英文之间按Ctrl+Shift+N键，插入半角空格，然后应用"菜名"段落样式

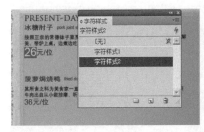

09 设置价位的嵌套样式。选择数字，设置字体为Arial，字号为18点，填充色为（0，100，100，0），设为"字符样式2"

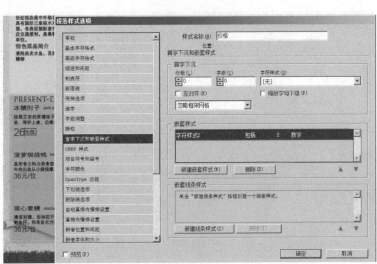

10 设置"元/位"的字体为"方正中等线_GBK"，字号为8点，段前间距为1毫米，段落样式设为"价位"，再设置嵌套样式

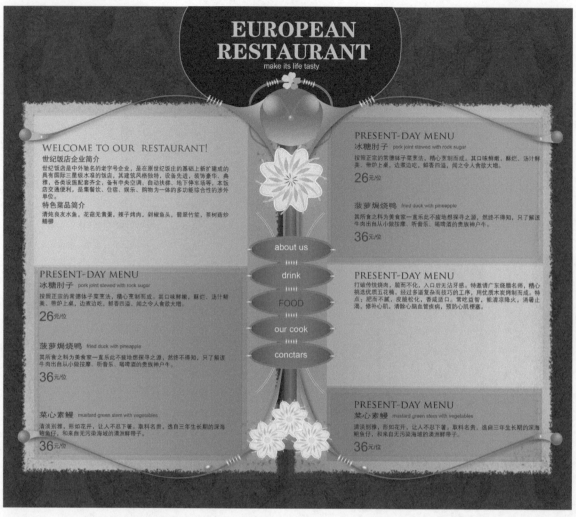

11 将"价位"段落样式应用于菜谱中

12 文件\置入，置入"资源文件\素材\第10章\10-1酒楼菜谱\厨师.ai"至页面中

13 将光标移至图片右下角的锚点处，按住Ctrl+Shift键向中心方向拖曳鼠标，使图片等比例缩小

14 将标题剪切并粘贴成为独立的文本，摆放在中间，缩小酒店简介的文本框，摆放在图片的右侧，与图片底部对齐

15 置入图片"1-1.jpg"，按照上述方法缩放图片及摆放的位置

TIPS 制作知识 缩放图片的技巧

置入的图片过大，可以在缩放百分比数值框中填入50%，将图片等比例缩小些，然后再按住Ctrl+Shift键拖曳至合适的大小。如果只等比例拖曳了框的大小而图片本身没有变化，可以按Ctrl+Shift+Alt+C键，按比例填充框架。

16 置入图片"1-2.jpg""1-3.jpg""2-1.jpg""2-2.jpg""2-3.jpg"和"2-4.jpg"至页面中，并将它们等比例缩小，摆放在菜肴介绍的旁边

10.1.2 对齐并分布对象

01 用【选择工具】连续选择左页面的3张图片，单击【对齐】面板中的【右对齐】按钮，将光标移至第2张图片的左下角，按照Ctrl+Shift键向中心方向拖曳，使它与第1张图片的宽度相等，用相同的操作调整第3张图片

02 单击【对齐】面板中的【垂直居中分布】按钮，使图片之间的间距相等

03 右页中图片的调整方法与左页相同，图片都与第1张图片对齐，选择图片"2-3.jpg"，将光标放置在图片上方的中间锚点处并向下拖曳，裁剪部分图片，图片"2-4.jpg"也按此方法调整

04 用【选择工具】移动各文本框的位置，使文本框都与图片顶部对齐，各文本框之间的宽度都与第1个相等

TIPS 设计知识 菜谱设计中如何激起食客的食欲

　　用【选择工具】拖曳图片框已达到裁剪（遮挡）图片的效果，一方面是版面的需要，另一方面是为了突出图片的主体，即菜肴。在拍摄菜谱图片时，一般都放大主题，或是裁掉碗碟的局部，这样拍摄处理的菜谱图片更能激起食客的食欲。

10.2 休闲酒吧的菜谱设计

本例主要讲解酒吧的菜谱设计，设计时主要以大幅酒水图片展示为主，搭配局部小图。每一页的色调都不相同，体现出灯红酒绿的气氛。通过对图片的剪切、投影效果的设置，以及路径文字的使用，使整个版面都活跃起来。

↘ 10.2.1 剪切路径的处理

01 打开"资源文件\素材\第10章\10-2酒吧菜谱\10-2酒吧菜谱.indd"文件

02 置入"资源文件\素材\第10章\10-2酒吧菜谱\1-1.tif"至页面2中

03 按照页面3大小，用【矩形工具】绘制矩形，填充色为（50，100，100，0），按Ctrl+【键，置于文字下方

04 置入图片"3-1"至页面3中，在缩放百分比数值框中输入50%，然后调整至页面3大小，按Ctrl+【键，置于文字下方

05 置入图片"4-1"至页面4中，按Ctrl+【键，置于文字下方，在文本框中插入文字光标，全选文字，设置文字填充色为纸色

06 输入"HEINIU PUB"，设置字体为Stencil Std，字号为90点，填充色为（35，100，100，0），放在页面3上方的出血位置，文字要紧挨着出血处

07 复制"HEINIU PUB"，粘贴在页面4上方的出血位置，设置填充色为（25，50，60，0）

08 置入图片"2-1.jpg"至页面3中，按住Ctrl+Shift键等比例缩放图片，使其与版心宽度相等

09 按照图片中3个杯子的外轮廓，用【钢笔工具】进行粗略的勾勒，设置描边粗细为8.5点，描边色为（25，50，60，0）

10 剪切图片"2-1.jpg"，选择轮廓框，单击鼠标右键，选择贴入内部，用【旋转工具】逆时针旋转图片12°左右

TIPS 制作知识

用【直接选择工具】可以调整贴入内部的图片的显示位置。

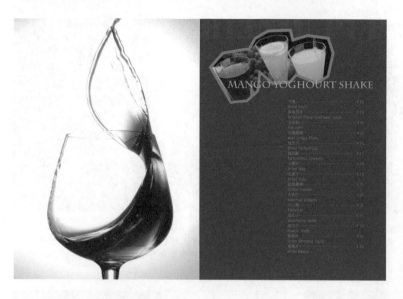

11 输入 "Mango Yoghourt Shake"，设置字体为Charlemagne Std，字号为30点，填充色为（0，30，100，0）

↘ 10.2.2　图像效果的设置

01 置入图片 "2-2.jpg" 和 "2-3.jpg" 至页面3中，按住Ctrl+Shift键等比例缩放图片的宽度到50毫米

02 按照两张图片的大小，用【矩形工具】绘制两个矩形，填充色为（50，100，100，0），色调为80%，叠放在图片的下方，做成相框效果，图片与矩形框垂直居中对齐

03 将图片与矩形框各自编组，选择图片，单击【效果】面板右侧的三角按钮，选择效果\投影，设置【距离】为2毫米，【大小】为1毫米

04 将两张图片叠放在一起，把上面的图片用【旋转工具】顺时针旋转15°

05 在页面4中，用【钢笔工具】按照杯子的右侧轮廓绘制曲线

06 用【路径文字工具】单击曲线插入光标，然后输入文字"生长在低地的咖啡，口感通常相当清淡、无味。咖啡粉分量不足、而水太多的咖啡，也会造成同样的清淡效果。"全选文字，设置字体为"方正中等线_GBK"，字号为8点，填充色为（50，100，100，0），按Alt+→键，调整字符间距，使文字充满整条曲线

07 用【选择工具】选择曲线，在【色板】面板中将曲线的描边色应用为无

TIPS 制作知识 剪切图片

01 置入图片

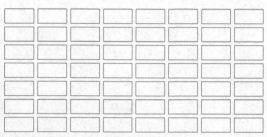

02 用【矩形工具】绘制矩形，用【选择工具】选择矩形框，按住Alt键不放，当光标变为"▶"时，拖曳并复制另一个矩形框，按Ctrl+Alt+3键进行多次复制

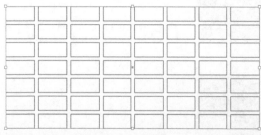

03 用【选择工具】选择前面创建的矩形框，对象/复合路径/建立，将多个矩形框组合为一个

04 复制图片，选择图形框，单击鼠标右键，选择贴入内部

05 用【直接选择工具】调整图片在图片框的显示位置，将描边去掉

◥ 10.2.3 知识拓展

设计知识

为设计服务的旋转页面（InDesign CS4/CS5 功能）。

旋转页面并不是真的将页面的方向进行了改变，仅是在设计过程中，为了方便观察横向的图片和文字而暂时改变了视图的方向。视图 \ 旋转跨页 \ 顺时针 90°，调整文字和图片的位置，然后再将视图恢复为正常。

第 11 章

商业表格的制作
——编辑处理表格

如何做好商业表格？

表格可以方便读者浏览和对比数据，在设计表格时应注意，表格的结构简单明了，表格的文字内容应短小简洁。表格中平行的术语、数字和简称应上下或左右统一，表达一致，避免让读者理解错误。在构思表头时尽量清晰易懂。

我们需要掌握什么？

了解表格的组成结构，通过实例练习，掌握新建和调整表格的方法。

11.1 销售单的制作

本例主要讲解销售单的制作。通过使用新建表格、合并拆分单元格等操作，掌握表格的基本设置方法。

	NO:			
销　售　单				
付款单位				第一联存根
付款金额		付款时间		
发票台头		展商编号		
收款单位	参展费用总额			
	代收费用总额			
应收费用总额	（大写）		（￥　　）	
制单：			年　月　日	

↘ 11.1.1 新建表格

01 打开"资源文件\素材\第11章\11-1销售单.indd"文件

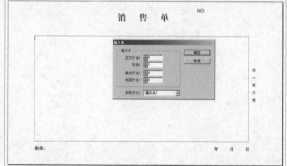

02 按照版心大小，用【文字工具】拖曳一个文本框。表格\插入表，设置行数为6，列数为2

TIPS 制作知识　文本框是表格的前提

在 InDesign 中，需要先拖曳一个文本框，才能插入表格。

03 单击【确定】按钮，完成表格的新建操作

11.1.2 单元格的设置

01 将文字光标放置在表格底线的位置，当光标变为"↕"时，按住Shift键，向下拖曳鼠标，将表格拉至与版心相同的高度

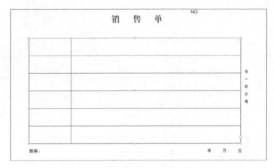

02 将光标放置在表格中间的列线，当光标变为"↔"时，按住Shift键，向左拖曳鼠标，调整列的宽度

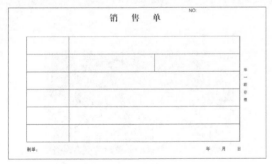

03 将文字光标插入第2行第2列中，按Esc键选择单元格，单击鼠标右键，选择垂直拆分单元格

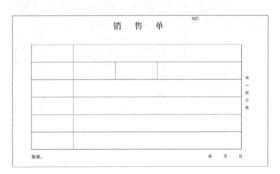

04 垂直拆分第2行第2个单元格

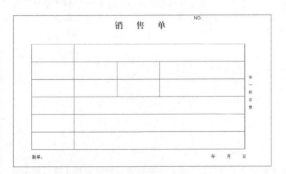

05 按照上述方法拆分第3行第2个单元格

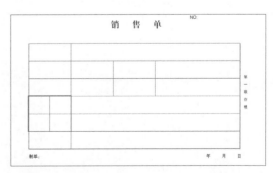

06 选择第1列第4和第5单元格，单击鼠标右键，选择垂直拆分单元格

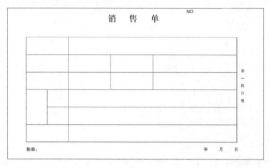

07 选择第4行和第5行的第1个单元格，单击鼠标右键，选择合并单元格

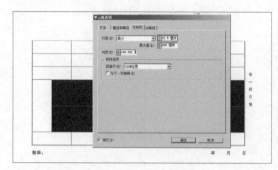

08 选择第4行第2和第3个单元格进行合并，选择第5行第2和第3个单元格进行合并

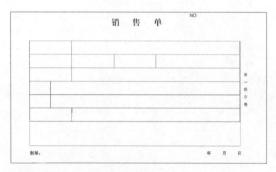

09 将文字光标放置在表格底线的位置，当光标变为"‡"时，按住Shift键，向上拖曳鼠标

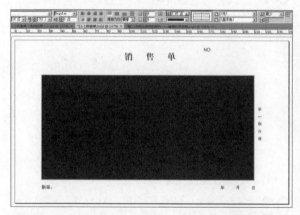

10 选择第4行和第5行的第2个单元格，表\单元格选项\行和列，勾选【预览】复选框，在【行高】数值框中输入数值，调整这两行的高度，使表格正好与版心高度相等

TIPS 制作知识 为什么表格中会有红色加号

在调整单元格时，文本框右下角出现红色（+）号，表示单元格容纳不下此时的表格，将文本框拉大即可。

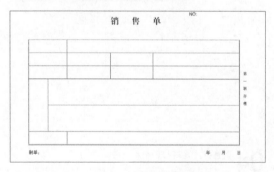

11 单击【确定】按钮，完成表格的调整

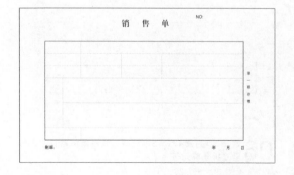

用【文字工具】选择整个表格，在单元格描边缩略图中单击四周的描边线，只保留中间，在描边数值框中输入0.25点

13 在单元格描边缩略图中单击四周的描边线，使其显示为蓝色线，单击中间的横线和竖线使其变灰，在描边数值框中输入1点

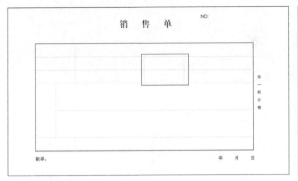 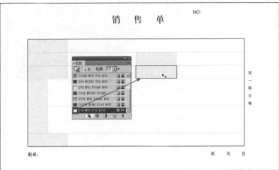

14 将文字光标放置在第2条列线上，按住Shift键向右拖曳鼠标，然后再调整第3条列线，使这个单元格的宽度与第1个单元格的宽度大概相等

15 打开【色板】面板，将颜色（0，0，0，10）拖曳至指定的单元格中

11.1.3　设置文字内容属性

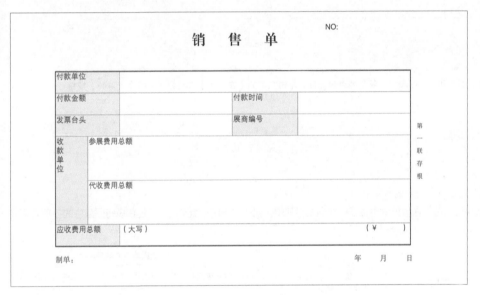

01 输入文字内容，设置字体为"方正中等线_GBK"，字号为11点

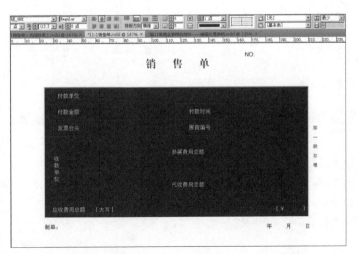

02 用【文字工具】全选表格内容，单击控制面板上的文字【居中对齐】按钮和表格【居中对齐】按钮

NO:

销 售 单

付款单位				
付款金额		付款时间		
发票台头		展商编号		
收款单位	参展费用总额			
	代收费用总额			
应收费用总额	（大写）		（￥　　　）	

第一联存根

制单：　　　　　　　　　　　　　　　　　　　　　　年　　月　　日

03 选择"参展费用总额"和"代收费用总额"两个单元格，单击文字的【左对齐】按钮和表格的【上对齐】按钮

11.1.4 知识拓展

设计知识

（1）表格的类型。

表格可分为挂线表、无线表及卡线表三大类。

挂线表用于表现系统结构等，在科技书中往往归在插图系列中，编号或不编号随文出现。挂线表每一层中的各项必须是同类型的并列项。

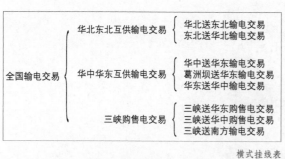

横式挂线表　　　　　　　　　　　　　　　　　　　　　　竖式挂线表

不用线而以空间隔开的表格称为无线表，如药品配方表、食品成分表、设备配置单、技术参数列表等，往往不归入表系列编号而随文出现。

试剂	剂量	产品成分	1L中含量	主要配置	规格
$KHSO_4$	0.3mol/L	可溶性固形物	≤24g	CPU	Pentium-M
K_2SO_4	0.6mol/L	碳水化合物	≤26g	内存	2GB
H_2SO_4	0.2mol/L	维生素B	≤28g	硬盘	120GB

药物配方表　　　　　　　　　　食品成分表　　　　　　　　　设备配置单

用线作为行线和列线而排成的表格称为卡线表,也称横直线表,是科技书刊中使用最为广泛的一种表,它由表题、纵横表头、表身和表注构成,有完全表、不完全表。不完全表是完全表省略了左右墙线后的表,它只保留了顶线、底线和表头底线,通常也称为三线表。

表11-1 境外人士家庭消费情况的抽样调查分析

指标 占家庭年平均支出的比例	32位有效答案中各消费情况的家庭数					
	家庭基本生活年平均总支出		家庭教育、文化、医疗年平均支出		家庭娱乐性年平均支出	
	家庭数	占比例	家庭数	占比例	家庭数	占比例
A.0~10%	4	12.5%	2	6.3%	2	6.2%
B.11%~20%	15	46.9%	19	59.4%	16	50.0%
C.21%~30%	13	40.6%	5	15.6%	12	37.5%
D.31%~40%	—	—	6	18.7%	2	6.3%

注:家庭基本生活支出包括食品开支,水、电、煤气、电话费,物业管理费,生活耐用品如冰箱、彩电等;家庭教育、文化、医疗支出包括孩子幼托、上学,订购书报,医疗保健(自费)等;家庭娱乐性支出包括兴趣爱好支出,旅游支出等。E.41-50%、F.51-60%、G.>60%没有选项所以在表格中不显示。

(2)表格的组成成分。

普通表格一般可分为表题、表头、表身和表注4个部分。

表题由表序号和表题文组成。表题放在表的正上方。表序号一般采用(分篇)分章编号的形式,即"(篇序-)章序-表序"或"(篇序·)章序·表序",表序号有时也可以全书从头至尾统编序号。表题文必须准确地反映表中内容。表序号与表题文之间空一格。一般采用与正文同字号或小1个字号的黑体字排版。

表头分为横表头和纵表头,横表头是表中除纵表头外的各栏项目名的总称,一般形式为"项目名称/单位"。如横表头各栏项目的计量单位相同时,要将相同计量单位提出置于表题行右端。表格的最左边一栏是纵表头,纵表头各行的项目一般是同一类型的并列项,排版时采用左对齐,表头文字一般比正文小1~2个字号。

表11-2 全国各地水果产量 (单位: kg)

	苹果	哈密瓜	西瓜
广西	13456	23455	3678
广东	2335	3456	768
山西	4567	6467	4567

表身是表格的内容与主体,由若干行、列组成,列的内容有项目栏、数据栏及备注栏等,各栏中的文字要求采用比正文小1~2个字号的文字排版。

表注是对表格某个或某几个项目做补充说明或解释的简明文字,要求采用比表格内容小1个字号的文字排版。

11.2 特殊形状表格 的 制 作

本例主要讲解特殊形状表格的制作，通过使用表头和表属性等选项的操作、续表的制作，掌握表格的高级设置方法。

展商目录（按展位排序）Exhibitors by booth number

参展企业名称	展位号	页码
浙江弗王力润滑油有限公司	AT26	193
山东九鼎投资有限公司	AT27	66
任丘市志华高压线厂	1B001	169
无锡市申光汽车点火线厂	1B002	173
河间市江轮车辆附件厂	1B003	171
新乡辉簧弹簧有限公司	1B004、1B005	172
新乡市精铸实业有限公司	1B006	172
任丘市龙腾汽车配件厂	1B007	170
任丘市魁隆蓄电池厂	1B008	170
任丘市旭日电器厂	1B009	170
福建省福安市鑫宇电机有限公司	1B010	185
北京台裕汽车电机工业制造有限公司	1B011	167
宁波海高利汽车电器制造有限公司	1B012	178
常州市武进恒威汽车电器有限公司	1B013	175
常州市百信汽车电器系统有限公司	1B014、1B015、1B016、1B017	175
锦州旭东密封垫有限公司	1B018	59
湖北黄海汽车配件有限公司	1B019	159
上海准时汽车配件有限公司	1B020	168
浙江省金华市第一特种灯泡厂	1B021	185
中国赛程国际集团有限公司	1B022	197
浙江丹弗王力润滑油有限公司	AT26	193
山东九鼎投资有限公司	AT27	66
任丘市志华高压线厂	1B001	169
无锡市申光汽车点火线厂	1B002	173
河间市江轮车辆附件厂	1B003	171
新乡辉簧弹簧有限公司	1B004、1B005	172
新乡市精铸实业有限公司	1B006	172
任丘市龙腾汽车配件厂	1B007	170
任丘市魁隆蓄电池厂	1B008	170
任丘市旭日电器厂	1B009	170

2

Exhibitors by booth number（按展位排序）展商目录

参展企业名称	展位号	页码
福建省福安市鑫宇电机有限公司	1B010	185
北京台裕汽车电机工业有限公司	1B011	167
宁波海高利汽车电器制造有限公司	1B012	178
常州市武进威汽车电器有限公司	1B013	175
常州市百信汽车电器系统有限公司	1B014、1B015、1B016、1B017	175
锦州旭东密封垫有限公司	1B018	59
湖北黄海汽车配件有限公司	1B019	159
上海准时汽车配件有限公司	1B020	168
浙江省金华市第一特种灯泡厂	1B021	185
中国赛程国际集团有限公司	1B022	197
中国赛程国际集团有限公司	1B022	197
浙江丹弗王力润滑油有限公司	AT26	193
山东九鼎投资有限公司	AT27	66
任丘市志华高压线厂	1B001	169
无锡市申光汽车点火线厂	1B002	173
河间市江轮车辆附件厂	1B003	171
新乡辉簧弹簧有限公司	1B004、1B005	172
新乡市精铸实业有限公司	1B006	172
任丘市龙腾汽车配件厂	1B007	170
任丘市魁隆蓄电池厂	1B008	170
任丘市旭日电器厂	1B009	170
福建省福安市鑫宇电机有限公司	1B010	185
北京台裕汽车电机工业制造有限公司	1B011	167
宁波海高利汽车电器制造有限公司	1B012	178
常州市武进恒威汽车电器有限公司	1B013	175
常州市百信汽车电器系统有限公司	1B014、1B015、1B016、1B017	175
锦州旭东密封垫有限公司	1B018	59
湖北黄海汽车配件有限公司	1B019	159
上海准时汽车配件有限公司	1B020	168
浙江省金华市第一特种灯泡厂	1B021	185

3

11.2.1 置入表格

01 打开"资源文件\素材\第11章\11-2企业报表"文件

02 用【矩形工具】绘制两个与版心宽度相等的矩形，填充色为（10，0，0，0）

03 选择第1个矩形，对象\角选项，设置【效果】为圆角，【大小】为6毫米

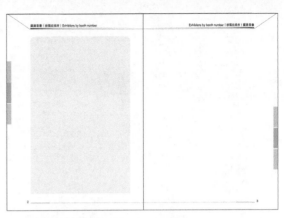

04 将两个图形叠放在一起，使图形正好撑满版心，单击【路径查找器】面板中的【相加】按钮

05 将图形复制并粘贴到右页中

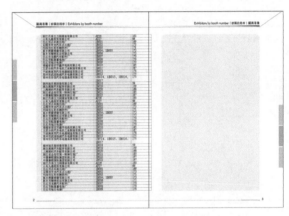

06 置入"资源文件\素材\第11章\表格.doc"文件，单击【打开】按钮，当光标变为"🖼"时，单击图形左上角，使表格嵌入到图形中

↘ 11.2.2 续表的制作

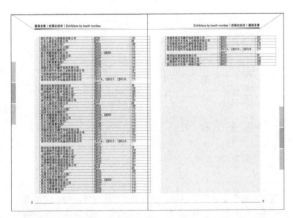

01 单击文本框右下角的红色（＋）号，再单击右页图形的左上角位置，使余下的内容排入到右页中

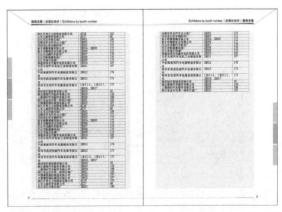

02 将光标放在右墙线的位置，按住Shift键向左拖曳鼠标，使表格完全在图形的内部

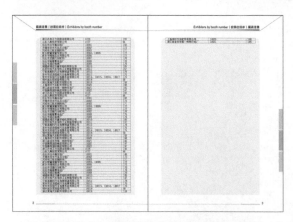

03 全选表格内容，设置字体为"方正细等线_GBK"，字号为9.5点，将文字光标放在列线的位置上，按住Shift键调整各列的宽度

04 全选表格内容，表\单元格选项\行和列，在【行高】的数值框中输入6.2毫米

05 单击【确定】按钮，单击控制面板上的文字【左对齐】按钮和表格【居中对齐】按钮

↘ 11.2.3　表头的设置

01 将文字光标插入到表格的第1行中，表\表选项\表头和表尾，设置【表头行】为1

02 单击【确定】按钮，在左页第1行中依次输入"参展企业名称""展位号"和"页码"，右页自动显示左页输入的表头

11.2.4 表线的设置

01 在单元格描边缩略图中单击四周的描边线，使其显示为蓝色线，再单击中间的横线和竖线使其变灰，在描边数值框中输入0点

02 在单元格描边缩略图中单击四周的描边线，使其变灰，再单击中间的横线，使其变为蓝色线，在描边数值框中输入2点

03 在单元格描边缩略图中单击中间的横线，使其变灰，再单击中间的竖线，使其变为蓝色线，在描边数值框中输入0点

04 全选表格内容，表\单元格选项\行和列，在【行高】数值框中输入6.6毫米，使左右两页表格正好撑满图形框

11.2.5 知识拓展

制作知识

（1）均匀分布行和列。

使行和列统一高度和宽度。

表2-7	竞争项目投资回报对比分析表				
项目名称	位置	户型/面积	租金（均价）	单位租金（$/m^2$/月）	
国贸中心公寓	建外大街1号	1居/70m²	$2600/月	37	
航华科贸中心	国贸桥东南角	2居	$2000~3000/月		
嘉里中心公寓	光华路一号	1居/101m²	$3000/月	29.7	
雅诗阁	建外东环南路2号	1居/115m²	$4300/月	37.4	
世贸国际公寓	光华路22号	3居/250~300m²	$3800/月	12.7~15.2	
阳光100	光华路2号	2居/104~110m²	10000元/月	11~11.6	
现代城	建国路88号	2居/108~110m²	10000元/月	11~11.2	

01 没有使用均匀分布行的效果

表2-7	竞争项目投资回报对比分析表				
项目名称	位置	户型/面积	租金（均价）	单位租金（$/m^2$/月）	
国贸中心公寓	建外大街1号	1居/70m²	$2600/月	37	
航华科贸中心	国贸桥东南角	2居	$2000~3000/月		
嘉里中心公寓	光华路一号	1居/101m²	$3000/月	29.7	
雅诗阁	建外东南路2号	1居/115m²	$4300/月	37.4	
世贸国际公寓	光华路22号	3居/250~300m²	$3800/月	12.7~15.2	
阳光100	光华路2号	2居/104~110m²	10000元/月	11~11.6	
现代城	建国路88号	2居/108~110m²	10000元/月	11~11.2	

02 全选表格内容，表\均匀分布行，使各行的高度相等

表2-7　　　　　　　　竞争项目投资回报对比分析表

项目名称	位置	户型/面积	租金（均价）	单位租金（$/m²/月）
国贸中心公寓	建外大街1号	1层/70m²	$2600/月	37
航天科贸中心	国贸桥东南角	2层	$2000~3000/月	
嘉里中心公寓	光华路一号	1层/101m²	$3000/月	29.7
雅诗阁	建外东环南路2号	1层/115m²	$4300/月	37.4
世贸国际公寓	光华路22号	3层/250~300m²	$3800/月	12.7~15.2
阳光100	光华路2号	2层/104~110m²	10000元/月	11~11.6
现代城	建国路88号	2层/108~110m²	10000元/月	11~11.2

03 没有使用均匀分布列的效果

表2-7　　　　　　　　竞争项目投资回报对比分析表

项目名称	位置	户型/面积	租金（均价）	单位租金（$/m²/月）
国贸中心公寓	建外大街1号	1层/70m²	$2600/月	37
航天科贸中心	国贸桥东南角	2层	$2000~3000/月	
嘉里中心公寓	光华路一号	1层/101m²	$3000/月	29.7
雅诗阁	建外东环南路2号	1层/115m²	$4300/月	37.4
世贸国际公寓	光华路22号	3层/250~300m²	$3800/月	12.7~15.2
阳光100	光华路2号	2层/104~110m²	10000元/月	11~11.6
现代城	建国路88号	2层/108~110m²	10000元/月	11~11.2

04 全选表格内容，表\均匀分布列，使各列的宽度相等

（2）表间距。

表间距是指将多个表格、表格与图片或者表格与文字排放在同一个文本框中，可以用【表选项】对话框中的【表间距】设置它们之间的距离。

表4-1　　　　　　　　胶合板的规格　　　　　　　　单位：mm

宽度	长度			
915	915		1830	2135
1220		1220	1830	2135	2440
1525			1525	1830	

宽度	长度			
915	1220	1525	1830	2135
1220	1220	1525	1830	2135	2440
1000	2000			

厚度	幅面尺寸	
3	610×1220	915×1830
4	915×2135	1220×1830
5	1220×2440	1220×5490

01 将文字光标插入到第2个表格的单元格中，表\表选项\表设置，设置【表前距】为3毫米

表4-1　　　　　　　　胶合板的规格　　　　　　　　单位：mm

宽度	长度			
915	915		1830	2135
1220		1220	1830	2135	2440
1525			1525	1830	

宽度	长度			
915	1220	1525	1830	2135
1220	1220	1525	1830	2135	2440
1000	2000			

厚度	幅面尺寸	
3	610×1220	915×1830
4	915×2135	1220×1830
5	1220×2440	1220×5490

02 将文字光标插入到第3个表格的单元格中，表\表选项\表设置，设置【表前距】为3毫米

（3）向表中添加图片。

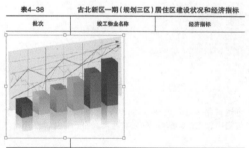

01 置入一张图片到页面中

02 剪切图片，将文字光标插入到单元格中，然后粘贴图片至插入点处

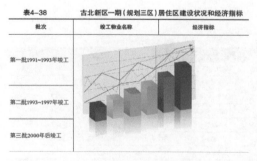

03 用【选择工具】调整图片至单元格内

TIPS 制作知识

当添加的图形大于单元格时，单元格的高度就会扩展以便容纳图形，但是单元格的宽度不会改变，图形有可能延伸到单元格右侧以外的区域。如果单元格中图形的行度已被设置为固定高度，则高于这一行高的图形会导致单元格溢流。

为避免单元格溢流，最好先将图像放置在表外，调整图像的大小后再将图像粘贴到单元格中。

TIPS 制作知识

当表格转换为文本时，执行文字\显示隐藏字符，可看到这些符号：》表示敲入 Tab、¶ 表示敲入回车键、#表示结束符号，即用 Tab 键代替空格键表示分隔列，用回车键换行表示分隔行。

（4）将包含 Tab 分隔符的文本与表相互转换。

InDesign 中表格和文字可以互相进行转换，为编辑表格带来方便。

01 全选表格的文字内容，表\将表转换为文本，设置【列分隔符】为制表符，【行分隔符】为段落

02 单击【确定】按钮，则表格变为文本

03 对文本进行编辑修改后，全选文本内容，表\将文本转换为表,设置【列分隔符】为制表符，【行分隔符】为段落

04 单击【确定】按钮，则文本变为表格

11.3 其他软件表格的编辑处理

本例主要讲解 Word 和 Excel 中制作的表格置入到 InDesign 后进行的编辑修改的操作。

建筑技术系列课程

（示例排版页面，包含"建筑技术系列课程"正文及下列表格）

		建筑构造	建筑声环境	建筑热环境	建筑光环境	建筑结构
2007年	初级	474	286	380	481	157
	中级	237	291	450	665	196
	高级	250	268	333	436	141
2008年	初级	546	302	369	430	155
	中级	230	296	446	625	203
	高级	311	295	324	421	151
2009年	初级	342	326	319	384	140
	中级	345	329	430	581	198
	高级	653	355	286	403	154

1-1 高级中等学校学生数构成						
	合计	普通高中	中等职业学校			
			小计	中等专业学校	技工学校	职业高中
学生数（人）						
2000年	461895	194283	267612	117771	66347	83494
2001年	472883	220867	252216	113870	55582	82764
2002年	513746	250959	262787	116725	61800	84262
2003年	531816	274803	257013	113689	62500	80824
比重（%）						
2000年	100.0	42.1	57.9	25.5	14.4	18.1
2001年	100.0	46.7	53.3	24.1	11.8	17.5
2002年	100.0	48.8	61.2	22.7	12.0	16.4
2003年	100.0	51.7	48.3	21.4	11.8	15.2

11.3.1 编辑Word表格

01 打开"资源文件\素材\第11章\11-3表格.indd"文件

02 编辑\首选项\剪贴板处理，选择"所有信息（索引标志符、色板、样式等）"单选按钮，使置入的表格带有原来的属性，置入"资源文件\素材\第11章\word表格2.doc"至页面2中

03 将文字光标放置在表格底线的位置，当光标变为"‡"时，按住Shift键，向下拖曳鼠标，将表格拉至下边距处

04 将文字光标放置在表格的右墙线上，当光标变为"↔"时，按住Shift键，向右拖曳鼠标，将表格拉至右边距处

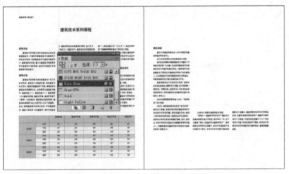

05 打开【色板】面板，颜色列表中有4个RGB颜色，均为置入Word表格所带来的颜色

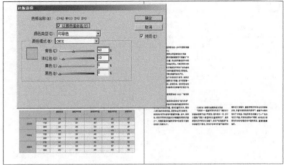

06 双击面板中的"Pale Blue"颜色，选择以颜色值命名，设置颜色模式为CMYK，颜色值为（40，10，0，0）

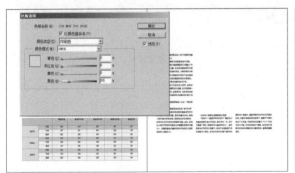

07 双击"Gray-25%"颜色，选择以颜色值命名，设置颜色模式为CMYK，颜色值为（0，0，0，20）

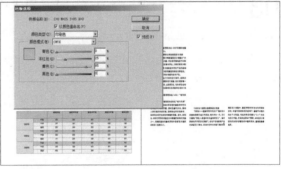

08 双击"Gold"颜色，选择以颜色值命名，设置颜色模式为CMYK，颜色值为（0，20，85，0）

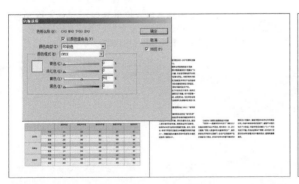

09 双击"Light Yellow"颜色，选择以颜色值命名，设置颜色模式为CMYK，颜色值为（0，0，50，0）

10 选择表格中的全部内容，设置字体为"方正中等线_GBK"，字号为10点，设置文字居中对齐和表格居中对齐

↘ 11.3.2 编辑Excel表格

01 置入"资源文件\素材\第11章\Excel表格1"至页面3中

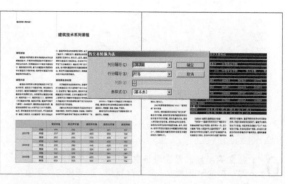

02 全选文字内容，表\将文本转换为表，设置【列分隔符】为制表符，【行分隔符】为段落

03 合并第一行的单元格，选择第2行，单击鼠标右键，选择删除\行

04 合并第2行和第3行前3个单元格，以及第4行和第9行的单元格

05 将文字光标放置在表格底线的位置，当光标变为"↕"时，按住Shift键，向下拖曳鼠标

06 选择表格中的全部内容，设置字体为"方正中等线_GBK"，字号为10点，设置文字居中对齐和表格居中对齐，表格的行线、列线和表外框线的粗细均为0.25点

第 **12** 章

图书版面设计
——版式的构造

如何做好图书版面设计？

图书设计比较严谨，页眉、页脚、标题和标注等都要按系统规定来设置和摆放。首先要了解常见成书的组成部分，包括封面、扉页、正文和辅文等。正文是书的主要组成部分，在设计时，各级标题要体现出层级关系，页眉页脚用色不宜喧宾夺主，图文混排应遵循版心和版面网格的基本规范。

我们需要掌握什么？

了解常见成书的组成、图书出版的流程，以及改校时需要核心检查的地方。掌握图书设计时必须用到的各项功能，包括主页、样式、文本绕排和库的使用等。

12.1 人文类图书设计

本例主要讲解人文类图书的设计，选择的图片素材以民族风俗类为主，页眉、页脚的设计都采用了传统的民间图案。通过对主页进行整体版式的设计，然后应用到各页面中，再进行内文的排版。

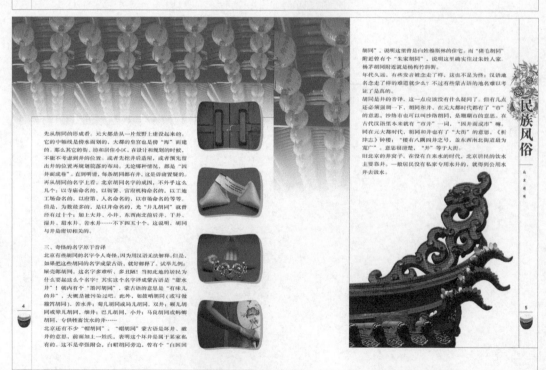

↘ 12.1.1 新建页面

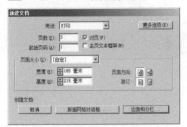 

01 文件\新建\文档，设置【页数】为3，【宽度】为165，【高度】为215

02 单击【边距和分栏】按钮，设置【上】为18毫米，【下】为12毫米，【内】为55毫米，【外】为20毫米

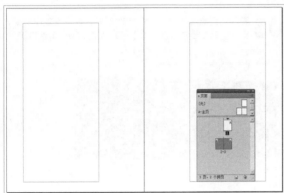

03 单击【确定】按钮，完成新建文档的操作

04 单击【页面】面板右侧的三角按钮，选择插入页面，设置【页数】为2，插入的页面位置为第3页

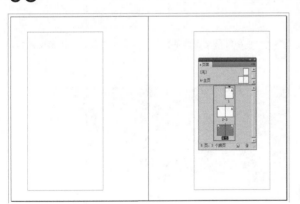

05 单击【确定】按钮，完成插入页面的操作

↘ 12.1.2 设计和应用主页

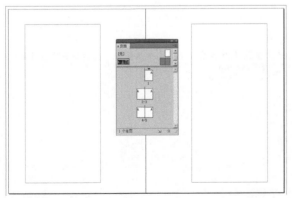

01 双击【页面】面板的"A-主页"，将"A-主页"转到视图中

02 用【钢笔工具】绘制若干条曲线，对页面进行版块的分割

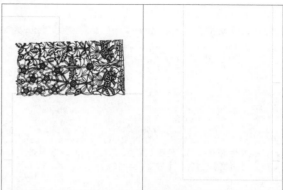

03 置入"资源文件\素材\第12章\2-1\民族图案2.tif"至左页中，单击控制面板中的【逆时针旋转90°】按钮

04 选择图片，按住Ctrl+Shift键拖曳图片的锚点，缩小图片，放在页面左上角

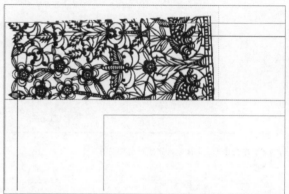

05 将指针移至图片底部的中间锚点位置，向上拖曳鼠标，使图片与横线齐平

06 选择图片，设置填充色为（35，75，80，0）

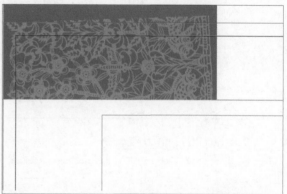

07 用【直接选择工具】选择图片，设置填充色为（35，75，80，0），色调为65%

TIPS 制作知识

图片模式为位图和灰度的图片，在 InDesign 中可以对其进行上色。

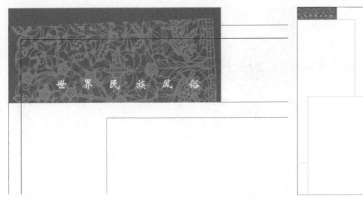

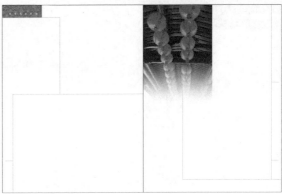

08 输入"世界民族风俗",设置字体为"方正魏碑_GBK",字号为8点,字符间距为1200,填充色为纸色

09 置入图片"灯笼.psd"至右页中,然后等比例缩小图片,放在右页的左上角

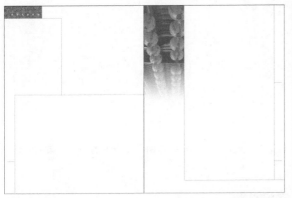

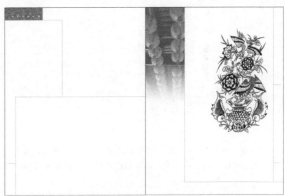

10 用【选择工具】裁剪图片,使其宽度与订口到竖线的宽度相等,在【效果】面板中设置【不透明度】为70%

11 置入图片"民族图案1.tif"至右页中

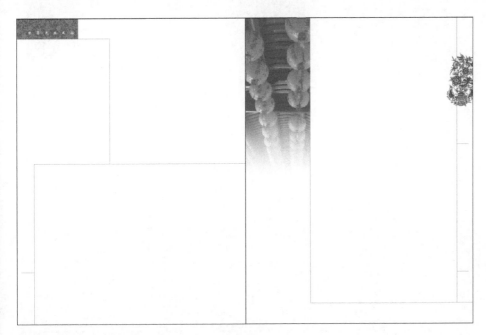

12 等比例缩小图片,用【直接选择工具】选择图片,设置填充色为(15,100,100,0)

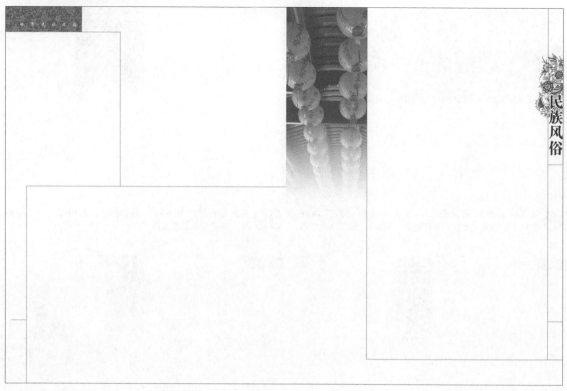

13 用【直排文字工具】拖曳文本框，输入"民族风俗"，设置字体为"方正大标宋_GBK"，字号为25点，填充色为（20，100，25，0），描边色为纸色，粗细为1.5点

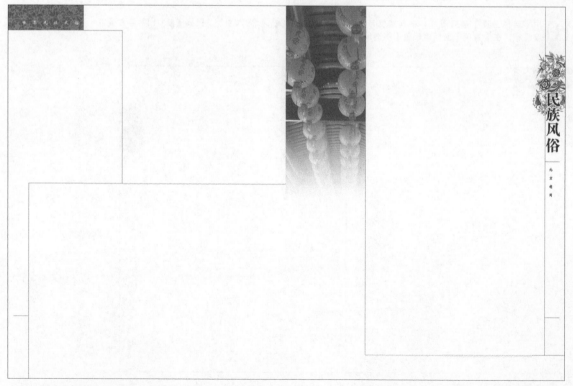

14 用【直排文字工具】拖曳文本框，输入"北京胡同"，设置字体为"方正魏碑_GBK"，字号为7点，字符间距为1000

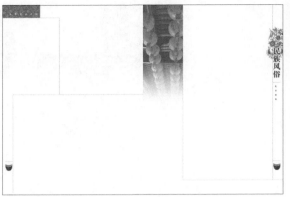

15 置入图片"鼓.psd"至左页中，等比例缩小图片，放在左下角，再复制并粘贴图片，放在右页右下角，选择两个鼓并水平居中对齐

16 在图片"鼓.psd"的上方拖曳一个文本框，文字\插入特殊字符\标志符\当前页码，插入页码，设置字体为Arial，字号为8点，居中对齐

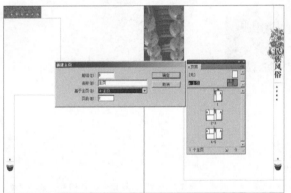
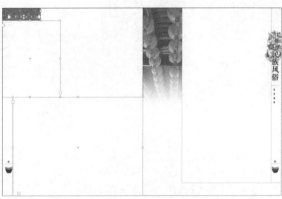

17 单击【页面】面板右侧的三角按钮，选择新建主页，设置【基于主页】为A-主页，【页数】为2

18 单击【确定】按钮，按住Ctrl+Shift键单击左页的页眉和曲线，提取A-主页的元素

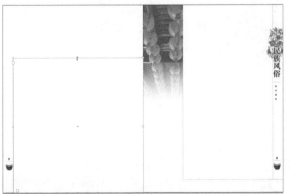
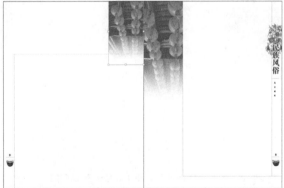

19 删除页眉和其旁边的曲线，用【选择工具】选择下方的曲线，向上拖曳中间的锚点，拉伸曲线

20 按住Ctrl+Shift键单击图片"灯笼.psd"，复制并粘贴至左页，等比例缩小图片，并向左拖曳中间锚点，使遮挡的部分图片显示出来

TIPS 制作知识

　　对图片大小的调整，大多使用【选择工具】和【直接选择工具】，【选择工具】是调整图片框，图片本身大小不变，作用是用来遮挡不想显示的部分，省去了到Photoshop中裁切图片的过程。【直接选择工具】是调整图片本身大小，图片框大小不变，还可以在图片框内移动图片。按住Ctrl+Shift键是图片框和图片同时缩放，且是等比例缩放。在调整图片时必须是等比例缩放，不能随意拖曳图片使其变形。

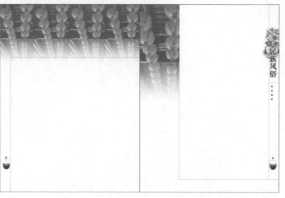

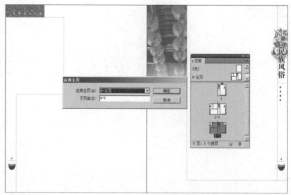

21 复制并粘贴3次灯笼图片，选择左页的灯笼图片，按 Ctrl+Shift+【键置于底层

22 双击【页面】面板中的"4-5"页，单击鼠标右键，选择将主页应用于页面，设置【应用主页】为B-主页

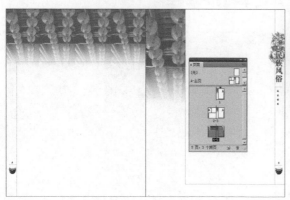

23 单击【确定】按钮，完成B-主页的应用

24 置入图片"角楼1.psd"，等比例缩放图片，放在页面2的左上角，用【选择工具】调整图片宽，使其适合左上角的位置

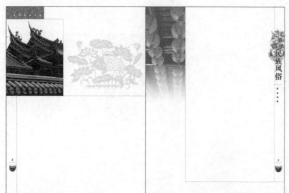

25 置入图片"鲤鱼.tif"，用【直接选择工具】选择图片，设置填充色为（15，35，100，0），色调为30%

26 置入图片"圆形.ai"，等比例缩小图片，再复制并粘贴，两个图片垂直居中对齐，用【直排文字工具】拖曳文本框，输入"胡同"，设置字体为"方正隶书_GBK"，字号为30点，水平缩放120%，字符间距320，输入"文化"，设置字体为"方正宋三_GBK"，字号为30点

TIPS 制作知识

　　本例主页的设计是用曲线分割出几个板块，在置入素材图片和文字时，容易将图片或文字嵌入到页面中的图形中，所以，建议在空白处单击置入素材，然后再移至页面中。

27 置入图片"扇子.psd"，等比例缩小图片，放在页面2的右侧

28 置入文字"开篇内容.txt"，设置字体为"方正隶二.GBK"，字号为12点，行距为24点；用【文字工具】选择"胡同"，设置填充色为（20，100，25，0）；选择"胡同是否会消逝？"，填充色为（15，35，100，0）；选择"这个词是怎么造出来的？"，填充色为（35，75，80，0）

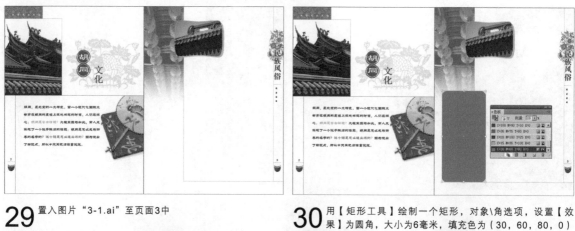

29 置入图片"3-1.ai"至页面3中

30 用【矩形工具】绘制一个矩形，对象\角选项，设置【效果】为圆角，大小为6毫米，填充色为（30，60，80，0）

31 用【矩形工具】绘制一个比圆角矩形高的矩形，并重叠在一起，单击【路径查找器】面板中的【减去】按钮

32 置入文字"附注内容.txt"，设置字体为"方正细黑一_GBK"，字号为8点，行距为12点，填充色为纸色，将文字放在图形上方，并调整文本框大小，使其在图形的内部

33 置入文字"胡同介绍.txt"，设置字体为"方正书宋_GBK"，字号为10点，行距为14点，垂直缩放为80%

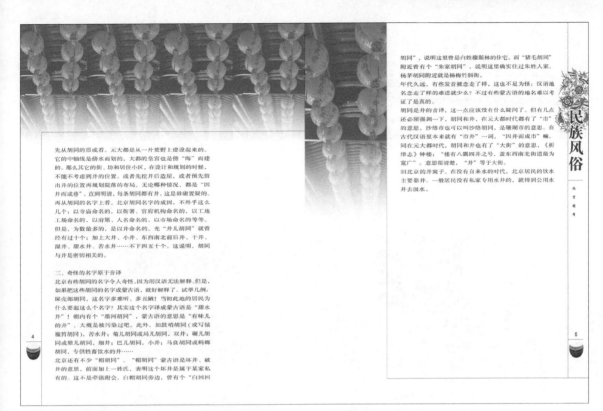

胡同"，说明这里曾是白姓穆斯林的住宅。而"猪毛胡同"附近曾有个"朱家胡同"，说明这里确实住着朱姓人家。杨茅胡同附近就是杨梅竹斜街。

年代久远，有些发音被念走了样，这也不足为怪：汉语地名念走了样的难道就少么？不过有些蒙古语的地名难以考证了是真的。

胡同是井的音译，这一点应该没有什么疑问了。但有几点还必须强调一下，胡同和井，在元大都时代都有了"市"的意思，沙络市也可以叫沙络胡同，是珊瑚市的意思。在古代汉语里本来就有"市井"一词，"因井面成市"嘛。同在元大都时代，胡同和井也有了"大街"的意思，《析津志》钟楼："楼有八隅四井之号，盖东西南北街道最为宽广"。意思很清楚，"井"等于大街。

旧北京的井窝子。在没有自来水的时代，北京居民的饮水主要靠井。一般居民没有私家专用水井的，就得到公用水井去汲水。

先从胡同的形成着。元大都是从一片荒野上建设起来的。它的中轴线是傍水而划的，大都的皇宫也是傍"海"面建的。那么其它的街、坊和居住小区，在设计和规划的时候，不能不考虑到井的位置。或者先挖井后造屋，或者预先留出井的位置再规划院落的布局。无论哪种情况，都是"因井面成巷"。直到明清，每条胡同都有井，这是毋庸置疑的。

再从胡同的名字上看。北京胡同名字的成因，不外乎这么几个：以寺庙命名的，以衙署、官府机构命名的，以工地工场命名的，以府第、人名命名的，以市场命名的等等。但是，为数最多的，是以井命名的，光"井儿胡同"就曾经有过十个：加上大井、小井、东西南北前后井、干井、湿井、甜水井、苦水井……不下四五十个。这说明，胡同与井是密切相关的。

三、奇怪的名字原于音译

北京有些胡同的名字令人奇怪，因为用汉语无法解释。但是，如果把这些胡同的名字成蒙古语，就好解释了。试举几例：屎壳郎胡同，这名字多难听、多丑陋！当初此地的居民为什么要起这么个名字？其实这个名字译成蒙古语是"甜水井"！朝内有个"墨河胡同"，蒙古语的意思是"有味儿的井"，大概是被污染过吧。此外，如鼓哨胡同（或写做攫哲胡同），苦水井；菊儿胡同或局儿胡同，双井；碾儿胡同或娶儿胡同，细井；巴儿胡同，小井；马良胡同或蚂螂胡同，专供牲畜饮水的井……

北京还有不少"帽胡同"。"帽胡同"蒙古语是坏井、破井的意思，前面加上一姓氏，表明这个坏井是属于某家私有的。这不是牵强附会。白帽胡同旁边，曾有个"白回回

34 单击页面3文本框右下角的红色（+）号，将加载着剩余文字的光标移至页面4，按照版心大小拖曳文本框。置入文字，再单击红色（+）号，将剩余文字置入到页面5中

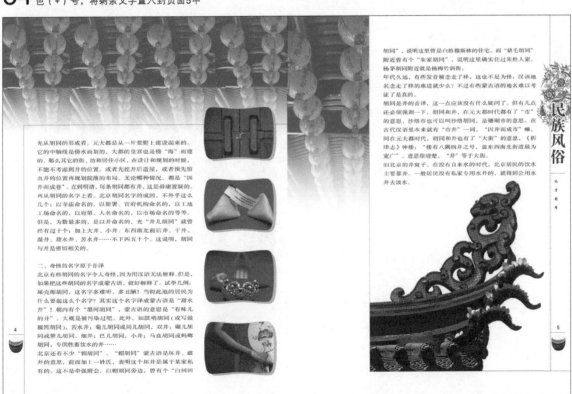

35 置入图片"4-1.ai""4-2.ai""4-3.ai"和"4-4.ai"至页面4中，垂直摆放，设置分布间距为10毫米，单击【垂直分布间距】按钮，将图片都编组，然后等比例缩小图片，放在页面右侧。置入图片"角楼2.psd"至页面5中，等比例缩小图片，放在页面左下方

12.2 计算机类图书设计

本例主要讲解计算机类图书的设计，该图书的内容与音乐有关，所以，在设计版式时，紧扣音乐这个主题，采用大量的音乐元素，页面的外侧使用钢琴琴键作为修饰，页眉和页脚都应用了相应的音乐小图标作为点缀。通过排入图文、设计和应用样式、库的使用、快捷的操作方法来完成图书的制作。排版计算机图书都是重复性的操作，十分枯燥，也容易出现很多错误，所以，要规范和细心地操作。

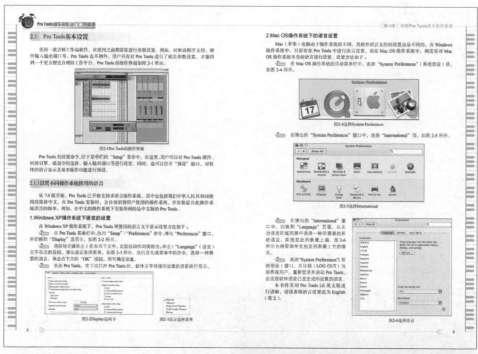

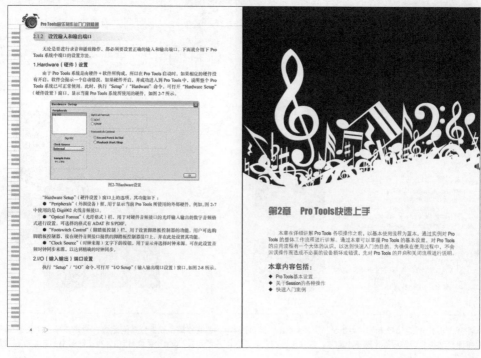

↘ 12.2.1 前期准备

01 在本地硬盘中新建一个文件夹，将其命名为"图书练习"，在此文件夹下再新建一个文件夹，将其命名为"制作文件"，将"资源文件\素材\第12章\12-2\12-2计算机图书.indd"文件复制至此文件夹中，并打开该文件

02 打开"资源文件\素材\第12章\12-2\第2章 Pro Tools 快速上手2003.doc"

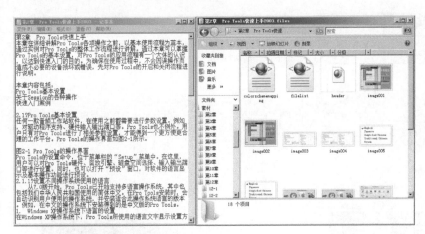

此步骤是为了提取 Word 中的图片和文字，也可以将 Word 文档导出为 PDF，再从 PDF 中导出图片，而将 Word 另存为网页格式，导出的每张图片各自有两张，还需要进行挑选，而从 PDF 中提取图片则不必再挑选。另存为纯文本格式则是为了方便去除掉 Word 中的样式。

03 将 Word 文档另存为网页格式，保存在本地硬盘\"图书练习"文件夹中，再将文档另存为纯文本格式，保存路径相同

04 挑选提取的图片，若两张图片相同，选择png格式的，若两张图片都是jpg格式的，则需浏览两张图片，选择比较清晰的那张，然后将挑选的图片放在"制作文件"下

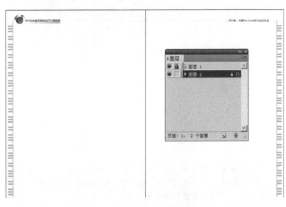

05 返回InDesign中，双击【页面】面板中的"A-主页"，将"A-主页"转到视图中，打开【图层】面板，单击【创建新图层】按钮，将图层2置于图层1下方，并锁定图层1

图层1中放置了主页的元素，将其置于前面，主要是为了排版图文时不会遮盖住主页元素，将其锁定是避免误操作主页中的元素。新建的图层2主要放置正文和图片。

↘ 12.2.2　库的使用

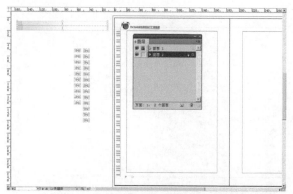
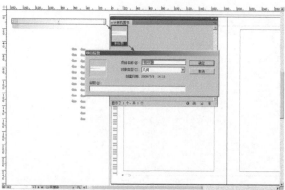

01 双击【页面】面板中的页面2，将页面2转到视图中，单击【图层】面板中图层1的【切换锁定】图标，全选页面2外侧准备好的图形，然后将图层1的钢笔工具图标旁的下方格拖曳至图层2，将图形放在图层2，再将图层1锁定

02 文件\新建\库，将新建的库命名为"计算机图书"，保存在"制作文件"下，单击【保存】按钮，然后将第1个图形拖入"计算机图书"面板中，双击"未标题"，设置【项目名称】为2级标题

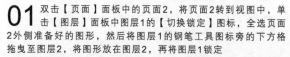

TIPS 制作知识　库的作用

　　库相当于一个仓库，可以存放经常使用到的图形、文字和页面，便于制作文件时调用。

03 拖入第2个图形至"计算机图书"面板中，名称为3级标题，然后将步骤图标按照序号依次拖入面板中，名称为01、02、03……

↘ 12.2.3　排版设计图文

01 双击【页面】面板中的页面1，将页面1转到视图中，分别置入"章首页.ai"和"第2章　Pro Tools快速上手2003.txt"，文字\显示隐含字符

02 剪切并粘贴1级标题及其内容和本章内容至页面中，删除多余的空格

TIPS 制作知识

　　在设计制作大多数印刷品时都需要设置复合字体和样式，图书排版也不例外，本例的各级标题、正文、步骤和图号都设置了复合字体和样式，详细操作步骤请参阅"第3章　宣传页设计——文字的进阶操作"和"第4章　宣传册设计——样式的设置"。复合字体的命名都采用了中文+英文的方式，例如，"方正综艺+impact"，而汉字、标题和符号的字体采用"方正综艺_GBK"，罗马和数字采用impact。建议复合字体不要用"正文""标题"等命名，因为这样容易和段落样式混淆。

03 选择1级标题，设置字体为"方正综艺+impact"，字号20点，段后间距10mm，黑色，色调70%，在"第2章"后面插入光标，按Ctrl+Shift+M键，插入全角空格，新建段落样式，将其命名为1级标题

04 选择1级标题下的内容，设置字体为"方正细等+arial narrow"，字号11点，行距14点，标点挤压为空格，新建段落样式，命名为"章首页-内容"

05 选择"本章内容包括："，设置字体为"方正黑体_GBK"，字号15点，段后间距2mm，新建段落样式，命名为"章首页-本章内容包括"

06 选择"本章内容包括："下方的文字内容，设置字体为"方正细等+arial narrow"，字号11点，行距14点，项目符号为菱形，位置6mm，左对齐，新建段落样式，命名为"章首页-项目符号内容"

07 将文字内容放在页面2，删除多余的回车符、空格符和问号字符。选择2级标题，设置字体为"方正小标宋+罗马"，字号13点，段前间距5mm，段后间距5mm，在"2.1"后方插入全角空格，新建段落样式，命名为2级标题，在"计算机图书"面板中拖曳出2级标题使用的图形，按Ctrl+【键将其置于文字下方

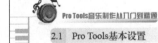

任何一款音频工作站软件，在使用之前都需要进行参数设置。例如，对驱动程序支持、硬件输入输出端口等。Pro Tools也不例外。用户只有对Pro Tools进行了相关参数设置，才能得到一个更方便更合理的工作平台。Pro Tools的操作界面如图2-1所示。

08 选择2级标题下方的文字内容，设置字体为"方正书宋+罗马"，字号10点，行距14点，标点挤压为空格，新建段落样式，命名为"正文"

TIPS 制作知识

本例的正文内容都采用串接文本的形式。

09 选择"图2-1Pro Tools的操作界面"，设置字体为"方正书宋+罗马"，字号9点，新建段落样式，命名为图号，将文本框拉至图号的位置

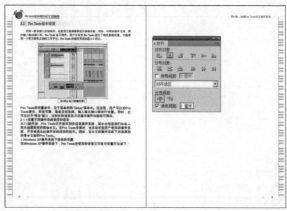

10 单击文本框右下角的红色（＋）号，在页面2下方单击，将余下的文字摆放在后面，剪切并粘贴"图2-1Pro Tools的操作界面"

11 置入图片"image001.png"至页面2中，设置缩放百分比为50%，然后再等比例缩小图片，选择图片和图号，设置垂直居中对齐，使用分布间距对齐，设置使用间距为2毫米，单击【垂直分布间距】按钮

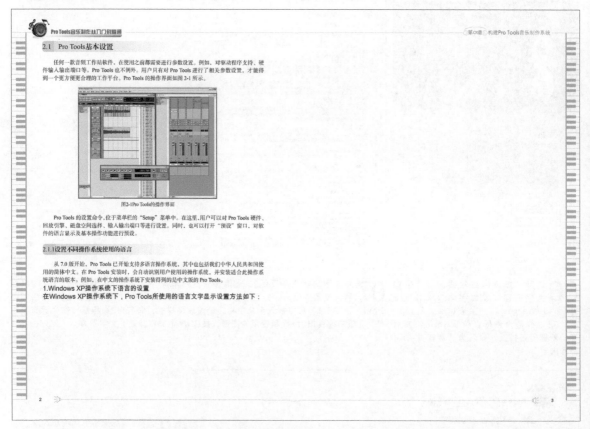

12 选择图号下方的内容，应用正文样式，选择3级标题，设置字体为"方正小标宋+罗马"，字号11点，段前间距5mm，段后间距5mm，新建段落样式，命名为3级标题，在"计算机图书"面板中拖曳出3级标题使用的图形，按Ctrl+【键将其置于文字下方，3级标题下方的内容应用正文样式

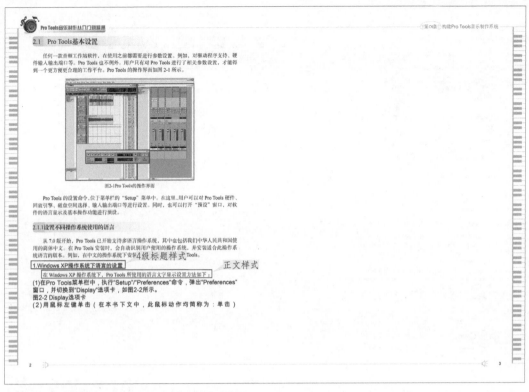

图2-1 Pro Tools的操作界面

13 选择"1.Windows XP操作系统下语言的设置",设置字体为"方正黑体+arial",字号11点,段前间距2mm,段后间距2mm,其下方的一段文字应用正文样式

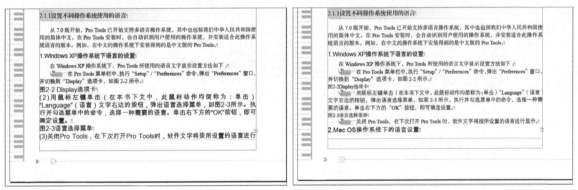

14 选择"(1)"这段文字,设置字体为"方正细等+罗马",字号10点,行距14点,标点挤压为空格,新建段落样式,命名为"步骤",将"(1)"删除,拖入"01"步骤图标,然后剪切,在"在Pro Tools菜单栏中"前面插入文字光标,粘贴步骤图标到文本框中,并插入一个全角字符

15 为"图2-2"和"图2-3"这两段文字应用图号样式,为"(2)"和"(3)"的内容应用步骤样式,并插入相应的步骤图标

TIPS 制作知识

剪切并粘贴出来的文本都需要单击【框架适合内容】按钮,便于对象对齐。

16 将"图2-2"和"图2-3"分别剪切并粘贴出来,将多余的回车符删除,单击页面2左下角的(+)号,放在页面3中

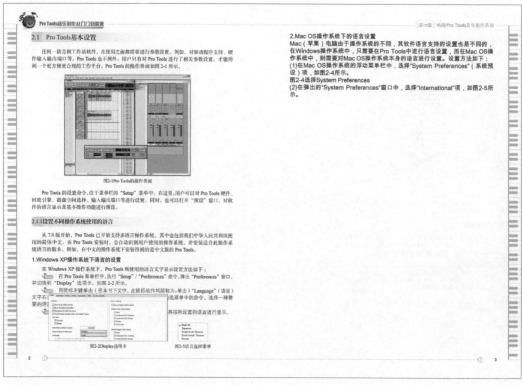

17 置入图片 "image003.png" 至页面2中，设置缩放百分比为40%，选择图片和图号，设置垂直居中对齐和垂直分布间距对齐，然后编组。置入图片 "image005.png" 至页面2中，设置缩放百分比为40%，选择图片和图号，设置垂直居中对齐和垂直分布间距对齐，然后编组

18 等比例缩小图片 "image001.png"，使图片 "image003.png" 和图片 "image005.png" 能够放在版心内，然后调整图片 "image001.png" 和图号之间的距离，调整整个版面的文字与图片之间的距离

19 按照页面2的方法对页面3进行排版

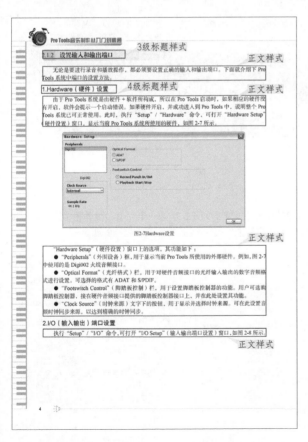

TIPS 制作知识

建议使用缩放百分比来设置计算机图书的图片缩放，用数据来控制图片大小比较严谨，能使图片中的文字统一大小。图片中的文字必须使用比正文要小的字号，一般缩放比例为 50% 左右，根据图片本身大小和版面要求再自行调整。

20 将页面3中余下的文字排入页面4中，继续进行排版

12.2.4 知识拓展

1.设计知识

页眉和页脚的设计思路。

在设计图书的页眉和页脚时常使用线条或色块，使用颜色通常是 1~2 种。本例制作的是一本黑白图书，在设计版式时，笔者没有考虑到排入内文与图片后的整体效果，而对页眉和页脚的颜色使用百分百的黑色。制作完成后发现整个版面主体部分不突出，而且容易产生视觉疲劳，于是笔者将页面的修饰部分都调整为 40% 的灰色，次要部分的颜色降低，主体部分一下就显示出来了，而且版式更有层次感。

分栏

报纸通常分为5栏或6栏　　科技类的书籍，如以文字为主的，通常是1栏；
　　　　　　　　　　　　　　以图为辅助性说明的，通常是2栏

 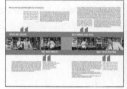  

文字较多的书籍，如小说、散文
传记，通常不分栏　　　　　　　　　　　　　　　　　　　　期刊杂志通常分为2栏或3栏

2.制作知识

计算机截屏图一般放多大合适？

通常，如果计算机截屏图中含有参数命令，建议将截屏图缩放至图中文字约为正文字号一半大小，截屏图中的文字不宜过小，如果文字过小，读者无法看清其参数设置，截屏图中的文字也不宜过大，否则会严重影响版面的美观。

截图过大　　　　　　　　　　　　　　截图过小　　　　　　　　　　　　　截图适中

第 13 章

杂志内文版式设计
——版面融合

如何做好杂志版式设计?

杂志与图书设计不同, 时尚杂志需要在页面中加入大量的信息和图片, 版式灵活多变, 颜色大胆前卫, 以求吸引读者的目光。经管类杂志的设计要领是, 选择图片要大气, 用字和留白要得当, 用色要庄重, 内文疏而不密, 标题有层次感, 图片少用特效, 可以适时抠取路径做造型图片。

我们需要掌握什么?

杂志的设计元素繁多, 通过实例练习, 读者可以掌握利用图层分类管理页面元素的能力, 通过使用文本绕排, 让图文混排更自然。通过书籍分工协作, 减少时间, 提高效率。

13.1 文艺杂志设计

本例主要讲解文艺杂志的设计。杂志的版式灵活多变，所以，在主页上只添加页码和常用的简单元素，不做复杂设计，页面的整体色调以明黄色为主，以搭配金碧辉煌的歌剧舞台，与图片的色调相互辉映，使整个页面更协调。另外，适当留白可以让页面更有空间感。

13.1.1 图层分类管理页面元素

01 文件\新建\文档，设置【页数】为6，【宽度】为210毫米，【高度】为285毫米，单击【边距和分栏】按钮，设置【上】为25毫米，【下】为15毫米，【内】为20毫米，【外】为20毫米，单击【确定】按钮

THE RING OF NIBELUNGS

Art

歌剧的发展

17 世纪末，在罗马影响最大的是以亚？斯卡拉蒂为代表的那不勒斯歌剧乐派。该乐派在剧中不用合唱及芭蕾场面，而高度发展了被后世称为"美声"的独唱技术。当这种"唯唱工为重"的作风走向极端时，歌剧原有的戏剧性表现力和思想内涵几乎丧失殆尽。于是到 18 世纪 20 年代，遂有取材于日常生活、剧情诙谐、音乐质朴的喜歌剧体裁的兴起。意大利喜歌剧的第一部典范之作是帕戈莱西的《女佣作主妇》（1733 年首演），该剧原是一部正歌剧的幕间剧，1752 年在巴黎上演时，普遭到保守派的诋毁，因而掀起了歌剧史上著名的"喜歌剧论战"。出于卢梭手笔的法国第一部喜歌剧《乡村占卜师》就是在这场论战和这部歌剧的启示下诞生的。

意大利歌剧在法国最先得到改造，而与法兰西的民族文化结合起来。吕利是法国歌剧（"抒情悲剧"）的奠基人，他除了创造出与法语紧密结合的独唱旋律外，还率先将芭蕾场面运用在歌剧中。在英国，普赛尔在本国假面剧传统的基础上，创造出英国第一部民族歌剧《狄东与伊尼阿斯》。在德、奥，则由海顿、狄特尔斯多夫、莫扎特将民间歌唱剧发展成德奥民族歌剧，代表作有莫扎特的《魔笛》等。至 18 世纪，格鲁克针对当时那不勒斯歌剧的平庸、浮浅，力主歌剧必须有深刻的内容，音乐与戏剧必须统一，表现应纯朴、自然。他的主张和《奥菲欧与优丽狄茜》、《伊菲姬尼在奥利德》等作品对后世歌剧的发展有着很大的影响。19 世纪以后，意大利的 g. 罗西尼、g. 威尔迪、g. 普契尼，德国的 r. 瓦格纳，法国的 g. 比才、俄罗斯的 m.i. 格林卡、m.p. 穆索尔斯基、p.n. 柴科夫斯基等歌剧大师为歌剧的发展作出了重要贡献。成型于 18 世纪的"轻歌剧"（operetta，意为：小歌剧）已演进、发展成为一种独立的体裁。它的特点是：结构短小、音乐通俗，除独唱、重唱、合唱、舞蹈外，还用说白。奥国作曲家索贝、原籍德国的法国作曲家奥芬·巴赫是这一体裁的确立者。

意大利歌剧在法国最先得到改造，而与法兰西的民族文化结合起来。

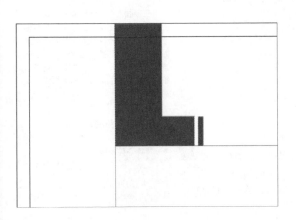

02 双击【页面】面板中的"A-主页"，将"A-主页"转到视图中，在页面左上角，用【钢笔工具】绘制一个"L"形的图形，用【矩形工具】绘制一个小竖条，设置填充色为（65，100，100，0）

03 复制并粘贴绘制好的图形至页面右上角，单击控制面板上的【水平翻转】按钮

04 在页面左右两边各拖曳一个文本框，输入"Art"，设置字体为Arial Black，字号为18点，填充色为纸色

05 按住Shift键，用【直线工具】绘制一条水平直线，设置描边粗细为0.75点，放在页面左下角，在线条旁边拖曳一个文本框，文字\插入特殊字符\标志符\当前页码，设置页面字体为Arial，字号为14点，左对齐

06 选择页码和线条，水平复制并粘贴至页面右下角，单击【水平翻转】按钮，单独选择页码，单击【水平翻转】按钮，设置右对齐

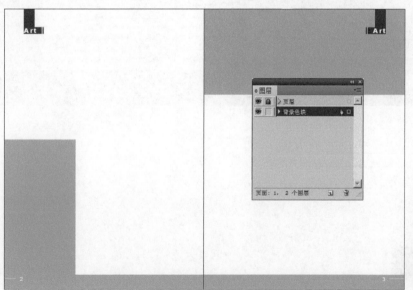

TIPS 制作知识：图层中的移动

在版面上选取要移动的对象，然后将光标移至【图层】面板中的小方格图标上，拖曳鼠标移往另一图层，松开鼠标即可将所选对象移往另一图层。拖动鼠标前如果同时按下 Alt 键，则将该对象复制到另一图层上，原图层仍保留该对象。

07 设置线条的描边色为纸色，页码填充色为纸色，打开【图层】面板，双击图层1，设置名称为"页眉页码"，然后锁定，在"页眉页码"下方新建图层，设置名称为"背景色块"，用【矩形工具】绘制3个色块，设置填充色为（0，35，100，0）

08 在"背景色块"上方新建图层,设置名称为"图片",选择"图片"层,置入"资源文件\素材\第13章\13-1文艺杂志\2-1.jpg和3-1.jpg",等比例拖曳图片,放在页面2和页面3中

09 在"图片"层上方新建图层,设置名称为"文字",选择"文字"层,在页面2中输入"歌剧的起源与发展",设置字体为"方正中等线_GBK",字号为26点,输入"音乐的戏剧",设置字体为"方正中等线_GBK",字号为36点,文字填充色都为纸色

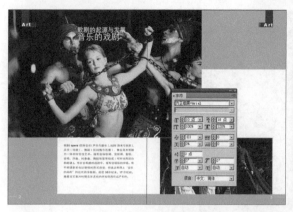

10 置入"2.txt"至页面2中，设置字体为"方正细黑+Arial"，字号为10点，行距为18点，水平缩放为120%，新建段落样式，设置名称为"正文"

11 在页面3中输入"THE RING OF NIBELUNGS"，设置字体为Arial Narrow，字号为52点，文字填充色为（0，35，100，0），色调为70%

12 置入"3.txt"至页面3中，设置标题字体为"方正中等线_GBK"，字号为30点，水平缩放为120%，段后间距为3毫米，填充色为（50，100，100，0），新建段落样式，起名为"标题"，正文设置"正文"样式

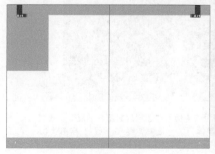

13 选择"背景色块"层，在页面4和页面5中用【矩形工具】绘制图形，设置填充色为（0，35，100，0）

14 选择"图片"层，置入"4-1.jpg""5-1.jpg"和"5-2.jpg"，等比例拖曳图片大小，设置"4-1.jpg"和"5-1.jpg"的描边粗细为6点，颜色为（0，35，100，0）

15 选择"文字"层，复制页面3中的英文，将其粘贴至页面4中，单击【逆时针旋转90°】按钮

16 置入"4.txt"至页面4中，全选文字内容，应用"正文"样式，然后选择标题，应用"标题"样式，将未置完的文本排入到第5页中

17 置入"附注.txt"至页面5中，设置字体为"方正细黑一_GBK"，字号为8点，填充色为（50，100，100，0），放在图片"5-2.jpg"的下方

TIPS 制作知识 InDesign中图层的作用

本例对图层的安排主要考虑了页面元素的叠放顺序，首先，主页上的元素在普通页面中不能被遮挡，所以，将其单独放在一个图层中并置于最上方。其次，页面中的文字不能被色块、图片遮挡，其地位比主页元素次之，所以为文字单独建立一个图层放在主页图层的下方。再次是放图片的图层位于文字层的下方，最后，修饰页面的元素，放在底层。将页面元素分层放置的好处是，不会遮挡重要内容，在元素叠放较多的页面中便于选择。图层不仅能分类管理页面元素，还可以在同一页面中展示不同方案，将两个方案分别放在两个图层中，展示其中一个时，隐藏另一个图层，省去了新建页面的麻烦。

18 选择"背景色块"层，在页面6中用【矩形工具】绘制图形，设置填充色为（0，35，100，0），下方色块的色调为70%

19 选择"图片"层，置入"6-1.jpg""6-2.jpg"和"6-3.jpg"，等比例拖曳图片大小

20 选择"文字"层，将页面5未排完的内容排入到页面6中，复制页面3的英文，粘贴至页面6中，设置字号为28点，填充色为（0，50，100，30），色调为20%

21 置入"6.txt"至页面6中，应用"正文"样式

22 调整文本框的高度与图"6-3.jpg"相等，单击右下角的红色（＋）号，然后拖曳一个文本框，宽度与版心相同

23 选择标题，设置字体为"方正中等_GBK"，字号为14点，填充色为（65，100，100，0）

TIPS 设计知识 各种出版物常用的字体字号

图书。图书版面标题字大小选择的主要依据是标题的级别层次、版面开本的大小、文章篇幅长短和出版物的类型及风格。图书排版的标题往往要分级处理，因此，标题字一般要根据级别的划分来选择字号大小和字体变化。一级标题选用字号最大，然后依次递减排列，由大到小。正文一般用宋体类，如汉仪书宋一简等，字号设为 5 号（10.5p）或小五号（9p）。版面正文之间的行距应当选择适当，行距过大显得版面稀疏，行距过小则阅读困难。图书标题的字体一般不追求太多变化，多是采用黑体、宋体、仿宋体和楷体等基本字体，不同级数用不同字体。

期刊杂志。标题排版是期刊杂志版面修饰的主要手段。其字号普遍要比图书标题大，字体的选择多样，字号的变化修饰更为丰富。期刊杂志标题的排法要能够体现出版物特色，与文章内容、栏目等内容风格相符。不同年龄层阅读的出版物字号大小也不一样，如老人由于视力不好，字号一般设为五号（10.5p）、小四号（12p）；儿童出版物文字不要过于密集，字号也应大些，一般设为五号（10.5p）、小四号（12p）；成年人的出版物一般设为小五号（9p）、六号（7.87p）。

报纸。报纸标题的用字非常讲究，标题字大小要根据文章内容、版面位置、篇幅长短进行安排，字体上尽量追求多样化。字体的品种数量多，字体要配齐全，否则不能满足编排报纸的需要。

公文。公文的标题用字主要有两部分，文头字和正文标题字。文头就是文件的名称，多用较大的标题字，如标宋体、大黑体、美黑体或手写体字；正文大标题多采用二号标题宋体或黑体，小标题采用三号黑体或标题宋体。公文用字比较严谨，字体变化不多，但公文中的标题字体不要用一般的宋体，而应当使用标题宋体，如小标宋体，否则会使标题不突出，显得"题压不住文"。

13.1.2 查找/替换

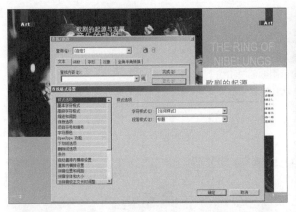

01 编辑\查找\更改，单击【指定要查找的属性】按钮，在【段落样式】下拉列表中选择"标题"

02 单击【确定】按钮，在【查找格式】列表框中出现需要查找的段落样式

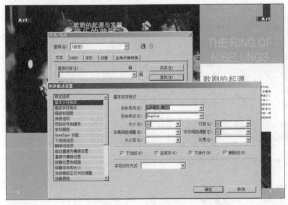

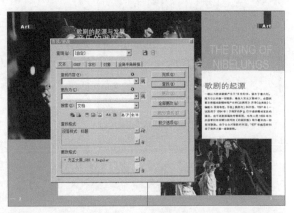

03 单击【指定要更改的属性】按钮，选择基本段落样式，在【字体系列】下拉列表框中选择"方正大黑_GBK"

04 单击【确定】按钮，在【更改格式】列表框中出现更改的字体

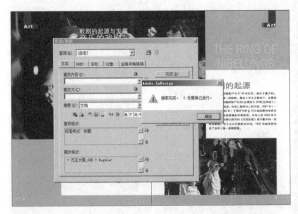

05 单击【全部更改】按钮，搜索文中两处需要替换的地方

06 单击【确定】按钮和【完成】按钮

13.2 时尚杂志设计

本例主要讲解时尚杂志的设计，杂志的每个板块的风格都不一样，本例共设计 3 个板块，分别以深蓝、玫红和红为主色调，页面中大量运用颜色块和线条铺底，使这些元素对页面进行切割。本案例主要是对 InDesign 排版功能的综合应用。

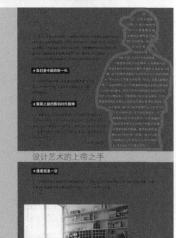

↘ 13.2.1　图文混排

01 文件\新建\文档，设置【页数】为16，【宽度】为185毫米，【高度】为240毫米，单击【边距和分栏】按钮，设置上、下、内、外的边距为10毫米

02 将页面转至A-主页，用【矩形工具】在左下角绘制一个矩形框，填充黑色，在矩形的上方拖曳文本框，文字\插入特殊字符\标志符\当前页码，设置页码字体为Arial，字号为11点，填充色为纸色，居中对齐，复制并粘贴至右边相等的位置

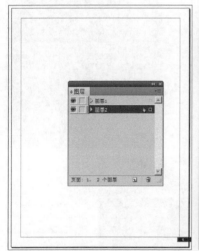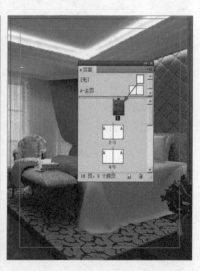

03 转至页面1，在【图层】面板中新建图层2，放在图层1下方，选择图层2进行后面的操作

04 置入"资源文件\素材\第13章\13-2时尚杂志\1生活篇\1-1.jpg"，等比例拖曳图片，使其适合页面大小

05 将【页面】面板中的无主页图标拖曳至页面1中

06 用矩形工具绘制矩形，填充色为（35，25，10，75）

07 用【钢笔工具】在矩形的右下角位置绘制一个斜三角形

08 选择两个图形，单击【路径查找器】面板中的【减去】按钮

09 选择图形,打开【效果】面板,设置【不透明度】为60%

10 输入"生活篇",设置字体为"方正粗倩_GBK",字号为40点,填充色为纸色,新建段落样式为"篇名"

11 置入"开篇语.txt",设置字体为"方正中等线_GBK",字号为10点,行距为15点,垂直缩放为90%,填充色为纸色,新建段落样式为"开篇语"

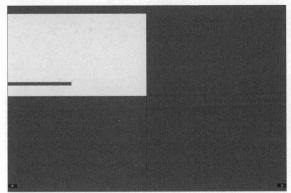

12 用【矩形工具】绘制矩形,设置填充色分别为(60,50,0,60)、(35,25,0,75)、(0,0,100,0)

13 置入"曲线1.ai",按Ctrl+【键置于黄色块的下方

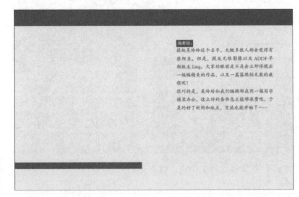

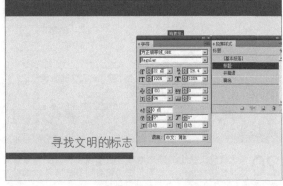

14 置入"编者按1.txt",设置"编者按"字体为"方正黑体_GBK",字号为8点,填充色为纸色,在其下方绘制一个矩形,填充色为(0,80,0,0),余下文字字体为"方正楷体_GBK",字号为9点,行距为15点,填充色与矩形相同

15 置入"寻找文明的标志.txt",剪切并粘贴标题,设置字体为"方正细等线_GBK",字号为22点,填充色为(35,25,0,75),新建段落样式为"标题"

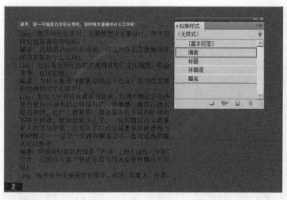 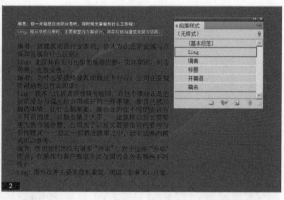

16 选择"编者"，设置字体为"方正大黑_GBK"，字号为8点，行距为15点，填充色为纸色，新建段落样式为"编者"

17 选择Ling，设置字体为"方正中等线_GBK"，字号为8点，行距为15点，段后间距为3毫米，填充色为（0，0，100，0），新建段落样式为"Ling"

18 在没有选择任何文字的情况下，双击打开"编者"样式，设置下一样式为"Ling"

19 单击【确定】按钮，双击打开"Ling"样式，设置下一样式为"编者"

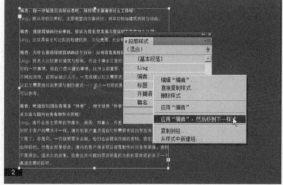 

20 用【选择工具】选择文本框，在【段落样式】面板没有选择任何样式的情况下，在"编者"样式旁单击鼠标右键，选择应用"编者"，然后移到下一样式

21 将未排完的文字排入到下一页

TIPS 制作知识　可以提高工作效率的循环样式

对编者与Ling的对话内容，所采用的是循环样式，在应用完一个样式之后自动应用另一个样式，省去多次单击的麻烦。

22 置入 "2-1.jpg" 和 "3-1.jpg"，等比例拖曳图片大小，并分别放置在页面2和3中

23 置入 "作者简介.txt"，设置字体为 "方正黑体_GBK"，字号为7.5点，行距为10点，填充色为纸色，调整文本框宽度与图片宽度相等

24 用【直线工具】绘制垂直和水平直线若干条，设置描边粗细为0.7点，类型为虚线，虚线间隔为5点，颜色为（0，0，100，0）

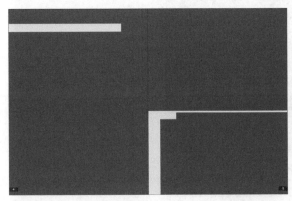

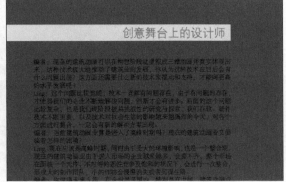

25 用【矩形工具】在页面4和5中绘制矩形，设置填充色分别为（35，25，0，75）、（0，0，100，0）

26 置入 "创意舞台上的设计师.txt"，剪切并粘贴标题，应用 "标题" 样式

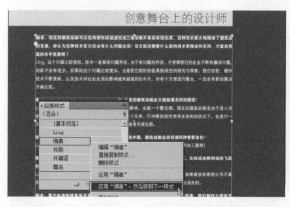 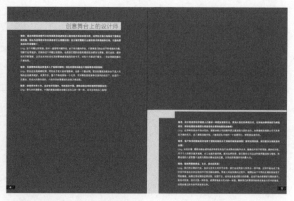

27 删除多余的回车符，用【选择工具】选择文本框，右键单击"编者"样式，选择应用"编者"，然后移到下一样式

28 将未排完的文字排入到下一页

29 置入"4-1.jpg"和"5-1.jpg"，等比例拖曳图片大小，分别放置在页面4和5中

30 用【直线工具】绘制垂直和水平直线若干条，设置描边粗细为0.7点，类型为虚线，虚线间隔为5点，颜色为（0，0，100，0）

31 在页面6和7中绘制一个矩形，设置填充色为（35，25，0，75），将上页未排完的文字排入到页面6中

32 置入"6-1.jpg""7-1.jpg""7-2.jpg"和"7-3.jpg"，等比例拖曳图片大小，适当裁剪图片

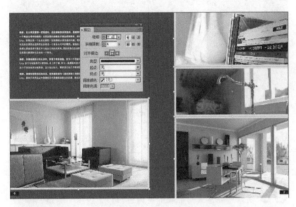

33 选择图片，设置描边粗细为7点，对齐描边为描边居内，颜色为（0，0，100，0）

34 用【选择工具】选择"6-1.jpg"，拖曳图片框左下角的锚点至页面外

35 用【直线工具】绘制垂直和水平直线若干条，设置描边粗细为0.7点，类型为虚线，虚线间隔为5点，颜色为（0，0，100，0）

36 用【矩形工具】在页面8和9中绘制矩形，设置填充色为（35，25，0，75），置入"曲线2.ai"至页面9中

37 置入"8-1.jpg""8-2.jpg""9-1.jpg"和"9-2.jpg"至页面8和9中，等比例拖曳图片大小

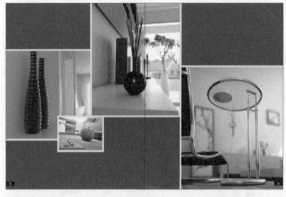

38 选择图片，设置描边粗细为7点，对齐描边为描边对齐中心，颜色为（0，0，100，0）

39 绘制矩形，填充色为（0，0，100，0），拖曳文本框，输入"缔造大师品牌的室内装饰"，应用"标题"样式

缔造大师品牌的室内装饰

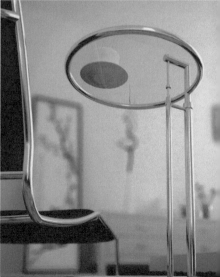

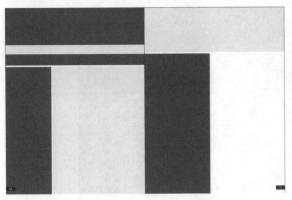

40 用【矩形工具】在页面10和11中绘制矩形，设置填充色分别为（35，25，0，75）、（0，0，100，0）

41 置入 "10-1.jpg" "10-2.jpg" "11-1.jpg" "11-2.jpg" 和11-3.jpg"至页面10和11中，选择一张图片，在控制面板的【高度】数值框中输入38，按Enter键，单击【内容适合框架】按钮，其余图片均按照此方法进行调整，设置分布间距为0毫米，单击【水平分布间距】按钮

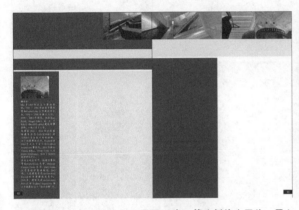

42 置入 "10-3.jpg"至页面10中，等比例缩小图片，置入 "编者按2.txt"，设置字体为 "方正楷体_GBK"，字号为9点，行距为12点，颜色为（0，0，100，0）

43 置入 "关于时尚设计的思考.txt"，剪切并粘贴标题，应用 "标题"样式，在标题旁用【椭圆工具】绘制圆形，填充色为（15，100，100，0），余下文字设置字体为 "方正中等线_GBK"，字号为8点，行距为15点，段后间距为3毫米

44 将未排完的文字排入到页面11中

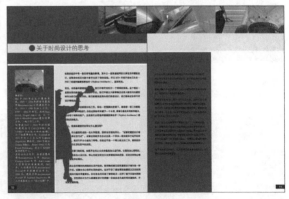

45 置入 "人物.ai"至页面10中

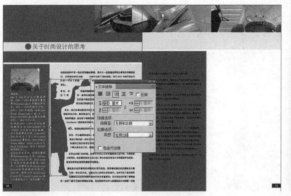

46 选择图片，打开【文本绕排】面板，单击【沿对象形状绕排】按钮，设置【上位移】为3毫米、【类型】为检测边缘

47 用【文字工具】选择页面11的文字，设置填充色为纸色

48 置入"11-4.jpg"～"11-9.jpg"至页面11中，选择一张图片，在控制面板的【宽度】数值框中输入53，按Enter键，单击【内容适合框架】按钮，其余图片均按照此方法进行调整，设置分布间距为1毫米，单击【垂直分布间距】按钮

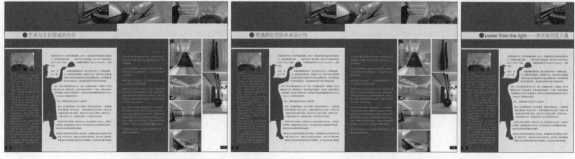

这些页面是从10~11页粘贴而来的，只需更换标题文字即可

TIPS 制作知识

在后面的讲解中主要是一些重复性的操作，本例只提供核心步骤及参数，读者可参阅资源文件中的完整文件。

新建文件的参数与"生活篇"相同
正文字体为方正中等线_GBK，字号为8点，行距为15点，垂直缩放90%
1.标题字号为12点，（1）标题字号为11点，两者字体为方正大黑_GBK，行距为15点

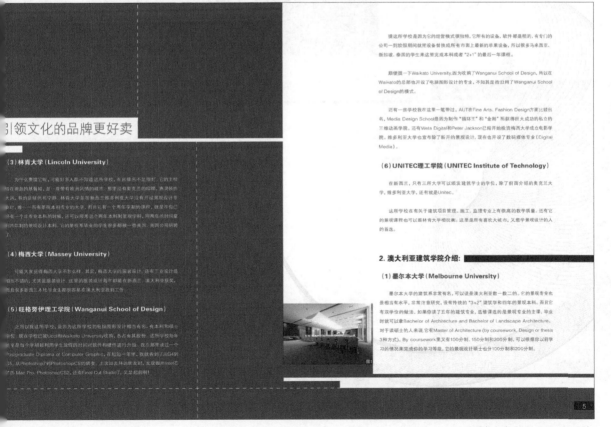

背景颜色为（10，100，15，0）

建筑CAD也是个不错的选择，当然它的建筑学院也是不差的，其研究成果相当厉害（见图2）。

（3）悉尼大学（Sydney University）

悉尼大学的建筑学院相当有威望，但都是以前的老前辈留下来的。现在的建筑学校主要是领导方面有问题，它的数码研究室里的设备和技术往往是非常高的。如果你想在悉尼学建筑的话，悉尼大学还是相当不错的（见图3）。

（4）新南维尔士大学（UNSW University）

新南维尔士大学是最大的传统模式学院，成立的时间不能和其他老学校比，不过他的成长是有目共睹。如果你想要毕业了找份工作，请找新南维尔士大学。它像一个大锅炉一样能提炼一些人，很多人都比较喜欢报考这所学院，而且它在建筑排名当中也是中等偏上的位置。值得一提的是，它的城市规划硕士是相当有名，它也是最早开发这门课程的学院。它的讲师包括：Jon Lang，James Warrick，Bruce Judd，Alex R.Cuthbert，你可以在网上查一下，不过他们都要退休了，你们要学就要抓紧了（见图4）。

如果你有一个四年制景观设计本科，而且最后一年的平均成绩70%以上的话，或者你有研究生文凭（Postgraduate Diploma in Landscape Architecture），平均成绩在70%以上的话，你可以修100分制的。如果你有一个四年制的建筑、城市规划、环境艺术或森林科学文凭或相当的文凭，而且最后一年平均成绩在70%以上的话，或者你是三年的任何本科毕业，但是完成了景观毕业证书（Graduate Certificate in Landscape Architecture），而且平均成绩70%以上，你可以修200分制的景观硕士（见图1）。

（2）墨尔本理工大学（RMIT University）

RMIT是澳大利亚比较好的理工学院，在数码建筑方面相当出名。当有人给它评建筑学院排名的时候，它的校长说："我们是设计学院，不单单纯的建筑学院。"因为它的建筑学院包含了平面设计、服装设计和数码影视，所以你要想学习数码建筑，

（5）昆士兰大学（Queensland University）

（文字内容不清晰）

当它的院校建设到时，大都市要建设到底地基所能提供到的范围，几乎是最接近建筑学院机的，它本身它是最正规的专业学院。建筑学院包含了BIA Adelaide University，这本身它是最正规的专业学院。最后自身本专业提供学校与，Curtin University of Technology排名第五，它本身...University排名第四

Elvis Liu
Master of Urban Design and Develop._UNSW
PostGap Of Computer Graphic Design-Wanganui
School of Design

（1）教育体制

澳大利亚和美国比较相似，因为很多教授都是从美国毕业回来的，布都西兰都与澳洲比较相似，教师都是从美国本科...

（2）教育经费

澳大利亚的本科学生要交75%的学费，25%的政府出去。同以10000块的学费，学生要支付7500元，政府约那2500元。本科三分以维持后，本维学生占25%，还额约85%，贯穿要维护到底，在澳大利亚读一年要你的的费用，在很正面也可以完成一个三年的本科课程，当然就方面要可以同学生是得的，可能这种更愿意你去主读学生去美读当的，因为外可这个里面的分数，可以让很多学生回来成绩你的。

（3）环境和人文

从的环境和气候来说，因因方它与地是接近澳大利亚的环境。澳大利亚的气候有时候比较热，而且一到打工的时候它的时间很短，哪些个住地就会等了多累的费用，澳大有时要到到时期国家玩儿，也往往是因为生活成本，那跟个一多是一些就是都要到到时期国家玩儿，这不过来了澳大利的话你的分数是很高的，在澳大利亚每年的都会你的费用当会得物都能到大利亚游活过，也非常很可以让你这么新的科和...

澳大利亚的大城市像悉尼，因方像们个大，也比较打得。

提醒用学校是因为它的数码模式得知样...公司一对致数码模式...第33版，泰国的中文...

梅德桥—TWeikato University，因为它提...Waikato的差别也开了电脑图形设计的大，不如其这的师还也开了Wanganui School of Design的模式。

还是一些学校就在这是一电的，AUT在Fine Arts，Fashion Design，Media Design School非常着有制作它的模式...三阶段课程里，唯wca Digital/Peter Jackson它提升做设...（Digital Media）。

（6）UNITEC理工学院（UNITEC Institute of Technology）

首都第三，只有三所大学可以提到...华、维多利亚大学、这些就是Unitec。

这所导你如果与不建筑...如果...这是最好的大学...也可以你这是...的教育。

电视中的设计

（1）墨尔本大学（Melbourne University）

墨尔本大学的建筑系非常有名...它是一种...这些就是设计的...特别就不的学生有...时别可以做Bachelor of Architecture和Bachelor of Landscape Architecture...的3种方式。By coursework要这...100分制、150分制和200分制，可以修取得...习的课程就...Master of Architecture (by coursework)，它的课程设计硕士有的是100分和200分制。

新建文件的参数与制作"生活篇"相同
带星号的标题字号为方正大黑_GBK，字号为10点，行距为15点，从【字形】面板中插入星号
英文标语的字体为Kimberley，字号为60点，行距为36点，填充色为（15，100，100，0），色调为68%

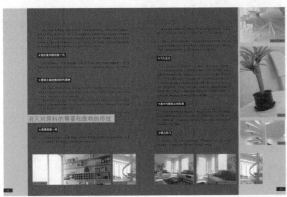

背景颜色分别为（15，100，100，0）、（10，25，45，0），横着放的图片统一高度为39毫米，竖着放的图片统一高度为62毫米

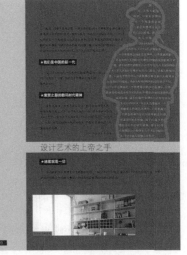

↘ 13.2.2 书籍的使用

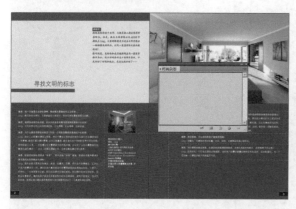

01 文件\新建\书籍，保存在制作文件夹中，命名为"时尚杂志"，单击【保存】按钮，则页面中出现【时尚杂志】面板

02 单击面板下方的【添加文档】按钮，添加前面制作的3个文件，在弹出的对话框中单击【确定】按钮

TIPS 制作知识 书籍

对于分工协作的设计活，书籍能够很好地将文件进行整合，自动排列页码，省去很多麻烦的操作。

03 双击"时尚杂志"面板中的"室内装饰第1期-休闲篇"，打开其文档，双击【页面】面板的页面1，单击鼠标右键，选择页面和章节选项，选择自动编排页码

04 单击【确定】按钮，则"休闲篇"自动接着"生活篇"进行排序

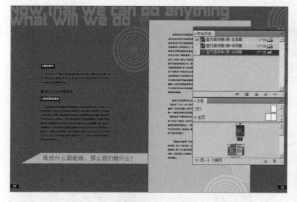

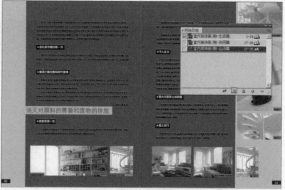

05 "运动篇"按照"休闲篇"的操作方法进行排序

06 单击"时尚杂志"面板中的【存储书籍】按钮，保存书籍

TIPS 制作知识 自动编排页码

将文档选择自动编排页码，在对文档进行修改甚至动版时，页码可以自动续排，并且可以统一导出或打印文档。

第 14 章

出版物的索引
——目录的处理

如何做好目录设计？

目录主要有两个功能，一是向读者展示图书的结构，二是指导读者阅读。在设计目录时，首先要准确地列出每个部分的标题目录，然后针对图书风格进行设计。目录中的各级标题要通过字体、字号体现层级关系，可以在目录中配上图书的核心图片。

我们需要掌握什么？

掌握不同图书的设计方法，以及各种要求。

14.1 期刊目录 的 设 计

本例主要讲解期刊目录的设计。目录所用的颜色根据内文的主色调而变化。在制作目录之前，首先要规范地为各级标题运用段落样式，这样，才能在设置中提取目录。

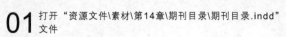

14.1.1 新建无前导符的目录

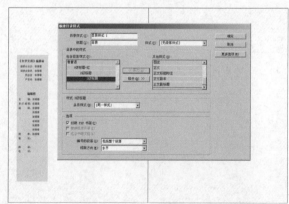

01 打开"资源文件\素材\第14章\期刊目录\期刊目录.indd"文件

02 版面\目录样式，单击【新建】按钮，在【其他样式】列表框中依次将卷首语、1级标题-红、2级标题和3级标题添加到【包含段落样式】列表框中，单击【添加】按钮即可

TIPS 制作知识 如何自动提取目录

自动提取目录的首要条件是所有标题都应用了段落样式。创建目录样式需要有段落样式和字符样式，段落样式包括1级标题、2级标题及在目录中用到的目录样式。字符样式包括在目录中用到的页码样式。本例先新建目录，然后提取目录，最后根据版面设置目录的样式，这种操作方法可以比较直观地看到目录设置后的效果。经验较丰富的设计师可以先设置目录需要用的样式，然后在新建目录时直接对提取的标题应用目录中的样式，这样在生成时则不必再对目录进行调整。

14.1.2 设置目录样式

TIPS 制作知识

提取出来的目录的文字属性与内文各标题的文字属性相同，下面要对目录中的内容进行文字属性的修改。

01 版面\目录，单击【确定】按钮，用光标在页面空白处单击，目录被提取到页面中

02 将未排完的目录排入下页，将文本框中的"目录"和多余的回车删除，拖曳文本框，输入"Contents"，设置字体为Century Gothic，字号为60点，填充色为黑色

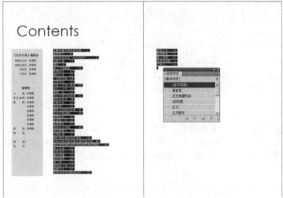

03 全选文字内容，单击【段落样式】面板中的【基本段落】，单击【清楚选区中的覆盖】按钮，清除样式

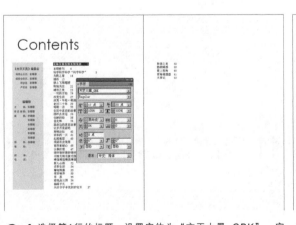

04 选择第1行的标题，设置字体为"方正大黑_GBK"，字号为12点，行距为20点

05 新建段落样式为"目录-1级标题"，选择制表符，单击【右对齐制表符】按钮，设置X的距离为115毫米

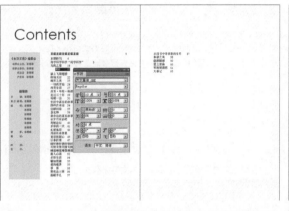

06 选择"为了人民的期待"，设置字体为"方正黑体_GBK"，字号为10点，行距为20点，左缩进为8毫米

07 新建段落样式为"目录-2级标题"，设置制表符为右对齐，距离为115毫米

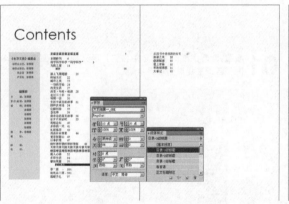

08 选择"爱的境界"，设置字体为"方正细黑一_GBK"，字号为10点，行距为20点，左缩进为8毫米，新建段落样式为"目录-3级标题"，制表符的设置与其他标题相同

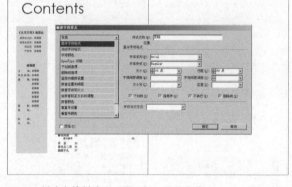

09 新建字符样式为"页码"，设置字体为"Arial"，字号为10点，行距为20点

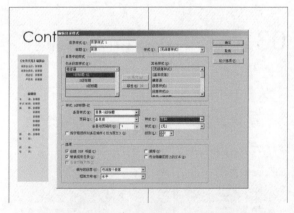

10 版面\目录样式，选择目录样式1，单击【编辑】按钮，选择【包含段落样式】列表框中的"1级标题-红"，设置【条目样式】为"目录-1级标题"，页码的样式为"页码"

11 选择【包含段落样式】列表框中的"2级标题"，设置【条目样式】为"目录-2级标题"，页码的样式为"页码"

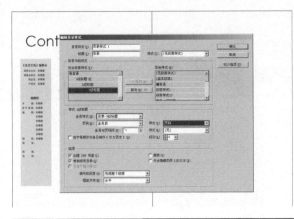

12 选择【包含段落样式】列表框中的"3级标题"，设置【条目样式】为"目录-3级标题"，页码的样式为"页码"

13 单击【确定】按钮，全选文字内容，版面\更新目录

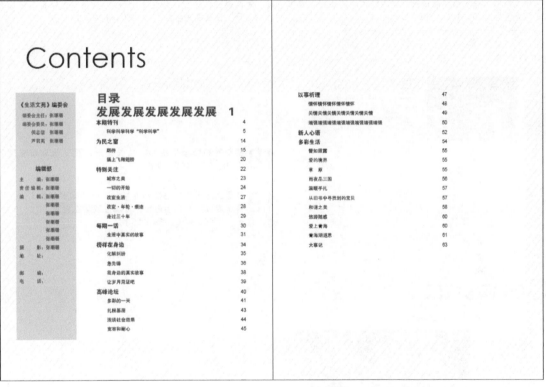

14 删除文本框中的"目录"和多余的回车符，选择"在和谐中实现科学发展"，设置字体为"方正黑体_GBK"，字号为12点，行距为20点，段后间距为3毫米，删除页码

15 将左边的文本框向上移动，使其高出旁边的灰色块，在每个1级标题前按Enter键，使板块区分更明显

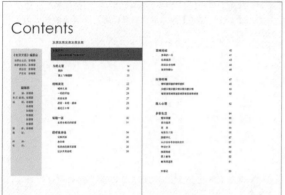

16 用【矩形工具】绘制超过目录文本框大小的矩形，设置填充色为（30，100，100，0）

17 选择红色矩形，按住Shift+Alt键垂直向下拖曳鼠标光标，设置填充色为（10，60，100，0）

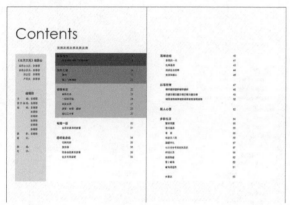

18 复制并粘贴橙色矩形，拉长矩形高度，设置填充色为（10，25，100，0）

19 按照上述操作方法复制并粘贴上一个矩形至其下方，调整宽度以适合文字内容，依次设置填充色为（20，35，65，10）、（100，10，35，15）

Contents

发展发展发展发展发展发展

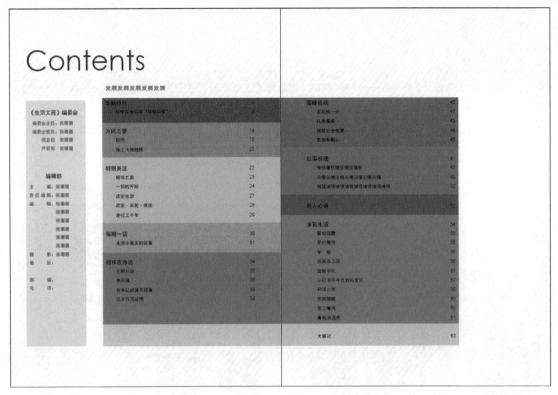

20 复制并粘贴矩形至右页，调整宽度以适合文字内容，依次设置填充色为（100，50，50，0）、（100，30，0，0）、（100，60，20，0）、（50，50，25，0）、（0，20，100，0）

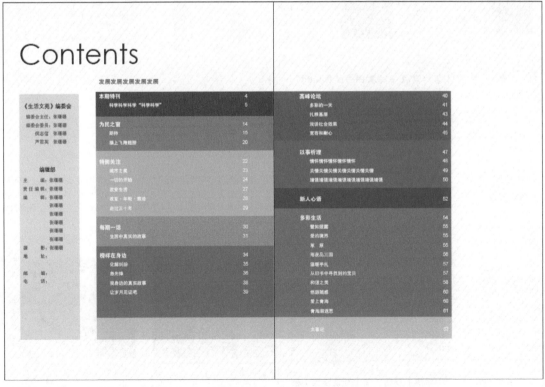

21 解锁图层3，调整白色底与右边色块相等，然后锁定图层3，选择除蓝色文字外的文字内容，设置填充色为纸色

14.2 图书目录的设计

本例主要讲解图书目录的设计。图书目录设计要求简洁，各级标题层次明确。本例通过使用具有前导符的样式制作目录，即页面前有修饰的小圆点或直线。

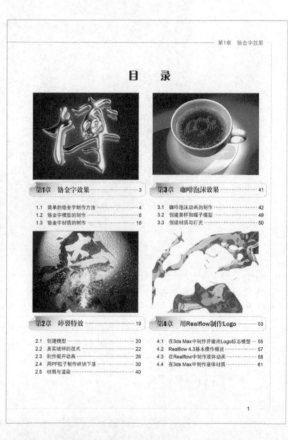

↘ 14.2.1 新建和提取目录

01 打开"资源文件\素材\第14章\图书目录\图书目录.indd"文件

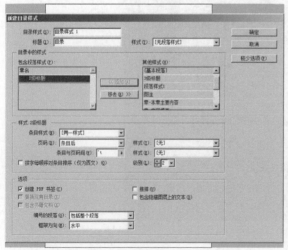

02 版面\目录样式，单击【新建】按钮，在【其他样式】列表框中依次将章名和2级标题添加到【包含段落样式】列表框中

TIPS 制作知识 通过嵌套样式使不同级别目录的页码大小一致

本例设计的目录要求各级标题在字体和字号上有所区别，但前导符和页码是统一不变的，这就需要用到嵌套样式，在前面的章节中讲解过嵌套样式的作用和用法，即同一段落体现两种及两种以上的不同效果。在设置时，需要在字符样式中设置各级标题的字体和字号，而在段落样式中只需设置同一种字体和字号的样式，然后嵌套不同的字符样式即可。

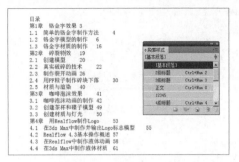

03 单击【确定】按钮，完成新建目录的操作。版面\目录，单击【确定】按钮，将提取的目录置于页面1中

04 全选文字内容，单击【段落样式】面板中的【基本段落】，清除样式

14.2.2 设置具有前导符的样式

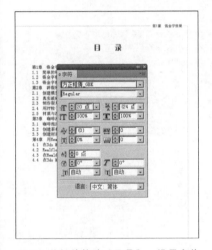

01 剪切并粘贴"目录"，设置字体为"方正粗倩_GBK"，字号为20点，在两字中间按Ctrl+Shift+M键，插入两个全角空格

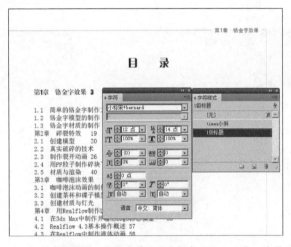

02 选择章标题，设置字体为"小标宋+bernard"，字号为12点，行距为14点，段后间距为7毫米，新建字符样式为"1级标题"

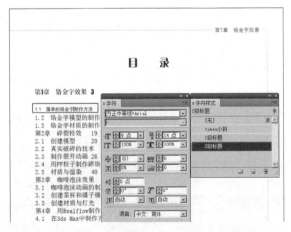

03 选择节标题，设置字体为"方正中等线+Arial"，字号为9点，行距为14点，新建字符样式为"2级标题"

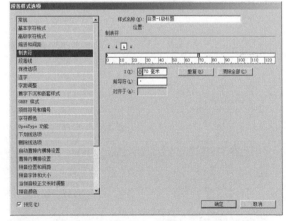

04 新建段落样式为"目录-1级标题"，设置字体为"方正中等线+Arial"，字号为9点，行距为14点，选择制表符，设置右对齐，X为70毫米，前导符为在中间位置的圆点

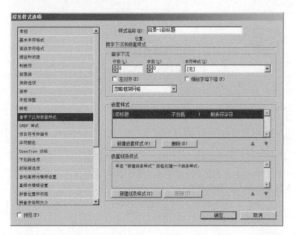

05 选择首字下沉和嵌套样式，设置嵌套样式为"1级标题""制表符字符""不包括"

06 单击【确定】按钮，完成章标题的目录样式

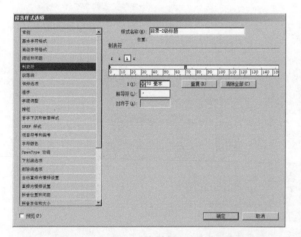

07 新建段落样式为"目录-2级标题"，设置字体为"方正中等线+Arial"，字号为9点，行距为14点，选择制表符，设置右对齐，X为70毫米，前导符为在中间位置的圆点

08 选择首字下沉和嵌套样式，设置嵌套样式为"2级标题""制表符字符""不包括"

09 单击【确定】按钮，完成节标题的目录样式

TIPS 制作知识

设置完嵌套样式之后，很有可能前后两个样式的字体相同，例如目录-1级标题，要求标题用12点，前导符和页码用9点，但设置完段落样式之后，这两者的字号都变为9点，此时打开"1级标题"字符样式，将字体改为12点即可（注：应该在没有选择任何文字的情况下，打开字符样式）。

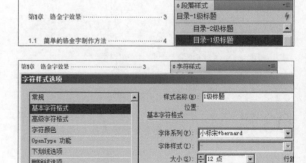

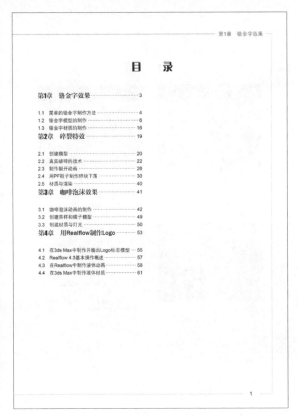

10 为各级目录应用相对应的目录样式

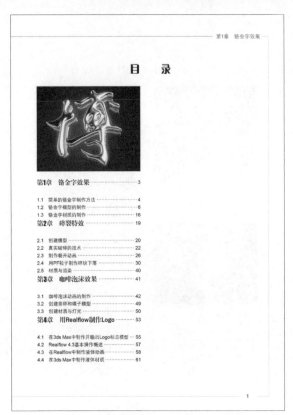

11 置入"1-1.jpg"至目录页中，在控制面板的【宽度】数值框中输入70毫米，按钮保持连接状态，按Enter键，再按Ctrl+Shift+Alt+C键，使内容适合文本框

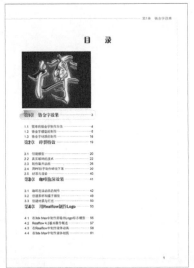

12 置入"装饰矩形.ai"，放在章标题下方

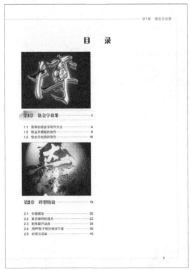

13 用【选择工具】向上拖曳文本框下方的中间锚点至"1.3　铬金字材质的制作"，单击右下角的红色（+）号，拖曳文本框，置入"1-2.jpg"，设置等比例缩放宽度为70毫米

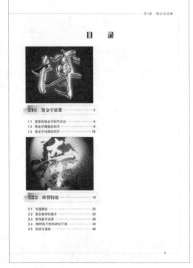

14 复制并粘贴"装饰矩形.ai"至第2章标题的下方

15 置入"1-3.jpg"，设置等比例缩放宽度为70毫米，复制并粘贴"装饰矩形.ai"至第3章标题下方

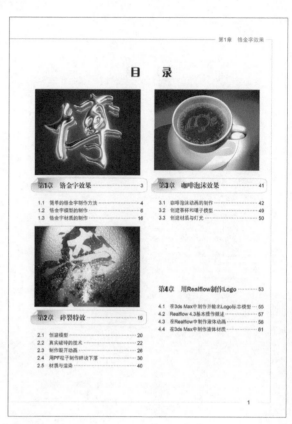

16 拖曳文本框至"3.3 创建材质与灯光"下方，单击红色（+）号，拖曳文本框

17 置入"1-4.jpg"，设置等比例缩放宽度为70毫米，复制并粘贴"装饰矩形.ai"至第4章标题下方

14.3 杂志目录 的设计

本例主要讲解杂志目录的设计，该杂志的每个版块分为1个文档，制作完成后将文档都整合在了书籍中，现在需要将文前部分添加到书籍当中，并提取目录。

14.3.1 书籍目录的生成方法

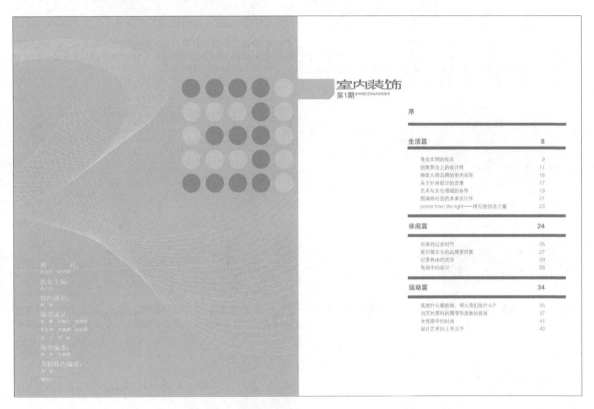

01 打开"资源文件\素材\第14章\时尚杂志\时尚杂志.indb"，在"时尚杂志"面板中双击，打开"室内装饰第1期-生活篇"

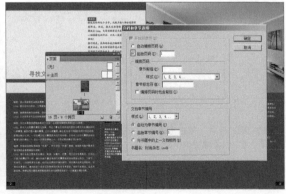

02 打开【页面】面板，选择页面1，单击鼠标右键，选择【页面和章节选项】，选择【起始页码】，这样可以避免书籍添加新文档时，页面的奇偶页错乱

03 选择"时尚杂志"面板的"室内装饰第1期-生活篇"，单击面板右下角的【添加文档】按钮，在【查找范围】中选择"资源文件\素材\第14章\时尚杂志\文前\室内装饰第1期-文前.indd"，单击【打开】按钮，弹出【警告】对话框

04 单击【确定】按钮，则文档添加到书籍面板中，将"室内装饰第1期-文前"移至"室内装饰第1期-生活篇"的前面

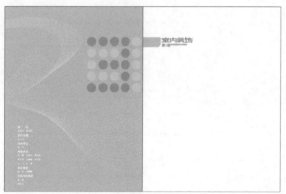

05 双击【页面】面板的第6和第7页，使该页面转到视图中

06 版面\目录样式，单击【新建】按钮，在【其他样式】列表框中依次将篇名和标题添加到【包含段落样式】列表框中

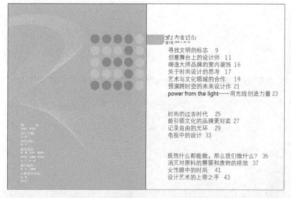

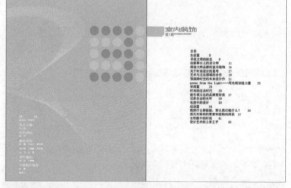

07 版面\目录，单击【确定】按钮，将光标在页面空白处单击，则目录被提取到页面中

08 全选文字内容，单击【段落样式】面板中的【基本段落】，清除样式

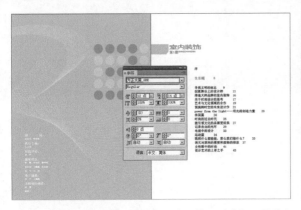 

09 删除文本框中的"目录"二字，输入"序"，用【文字工具】选择"生活篇"，设置字体为"方正大黑_GBK"，字号为12点，行距为14点，段前段后间距为7毫米，填充色为（100，0，0，0）

10 新建段落样式为"目录-1级标题"，选择制表符，单击【右对齐制表符】按钮，设置X的距离为90毫米

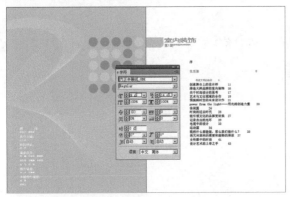 

11 选择"寻找文明的标志"，设置字体为"方正中等线_GBK"，字号为9点，行距为14点，左缩进为8毫米，填充色为（100，0，0，0）

12 新建段落样式为"目录-2级标题"，选择制表符，单击【右对齐制表符】按钮，设置X的距离为90毫米

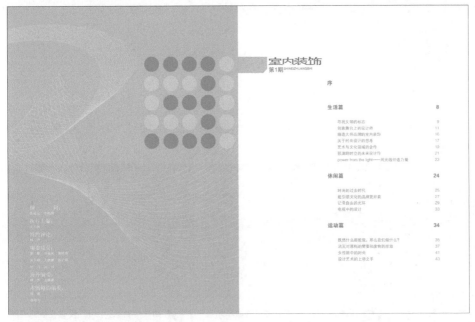

13 将各级目录应用相对应的目录样式

↘ 14.3.2 书籍目录的调整

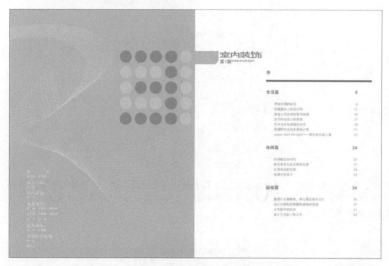

01 用【矩形工具】在"目录-1级标题"的下方绘制一个矩形条，设置填充色为（20，0，0，60）

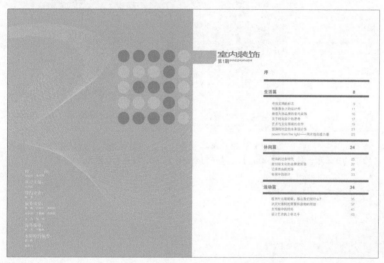

02 复制并粘贴矩形条至每个1级标题和各版块最后一个标题的下方

TIPS 制作知识

内文已经排完，目录得从每章提取一遍，但这样手动提取的目录无法更新，是否有好的解决方法？

01 用书籍功能将多个文档整合

02 新建"目录.indd"文档，并放在第1章的前面

03 版面\目录，在弹出的对话框中勾选【包含书籍文档】

04 如果"目录.indd"没有在当前书籍中，则【目录】对话框中的【包含书籍文档】不可用

第 **15** 章

印刷品的输出设置

如何做好印刷品的输出设置？

设计制作完成后，需要对文件进行输出。InDesign可以用原文件进行打印，也可以用PDF进行打印，用于校对检查。如果文件送交印厂印刷，常输出为PDF格式，可以直接在网上传输，若对自己制作的文件不放心，也可以将文件打包，打包的文件里包含原文件及链接图，这样便于修改，还需复制文件中用到的字体。发给客户预览的文件，可以输出低质量的PDF文件，若客户电脑没有Adobe Reader或Adobe Acrobat，可以输出JPG文件。

我们需要掌握什么？

掌握多种输出方法，以应对不同的情况。

15.1 输出 PDF

本例主要讲解输出 PDF 的设置，将制作完成的文件导出为 PDF 格式是最常用的导出方法。设置质量低的文件主要用于给客户查看文件，质量低，便于传输；设置印刷质量的文件主要用于送交印刷厂进行印刷，文件质量高，图像和文字显示清晰。

↘ 15.1.1 输出印刷质量的PDF

01 打开一个制作完成的文件，本例讲解使用第5章的案例

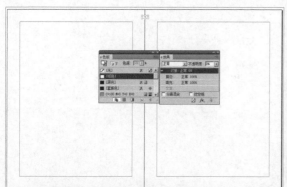

02 设置透明度拼合预设，使文字输出时自动转为曲线，确保不会丢失字体。透明度拼合的设置需要文件中的每一页都包含透明的元素。打开主页页面，用【矩形工具】在两个页面的中间位置绘制一个矩形，设置填充色为纸色，不透明度为0

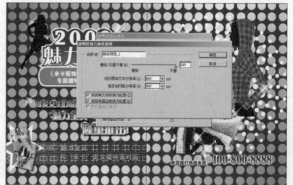

03 编辑\透明度拼合预设，单击【新建】按钮，设置【栅格/矢量平衡】为"100"，【线状图和文本分辨率】为"600"，【渐变和网格分辨率】为"300"，勾选【将所有文本转换为轮廓】和【将所有描边转换为轮廓】复选框

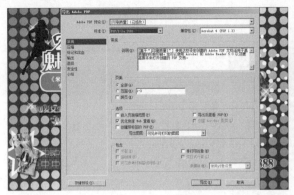 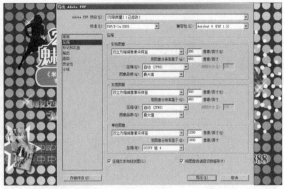

04 单击【确定】按钮，文件\导出，设置文件名，保存格式为Adobe PDF（打印），选择保存路径，单击【保存】按钮，设置【Adobe PDF预设】为印刷质量，【标准】为PDF/X-1a：2001，在【页面】选项组中不选择【跨页】复选框，因为印刷厂需要拼版，其他均保持默认设置

05 选择左边的【压缩】选项卡，可以看到图像的像素比较高，图像品质是最大值

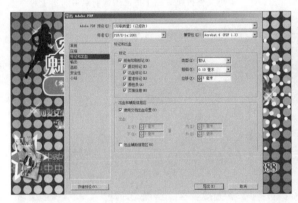 

06 选择左边的【标记和出血】选项卡，勾选【所有印刷标记】复选框，设置【类型】为"默认"，【位移】为"3毫米"，勾选【使用文档出血设置】复选框

07 选择左边的【高级】选项卡，在【预设】下拉列表中选择"拼合预设_1"

TIPS 制作知识

此导出方法适用于无法嵌入的字体，即在输出时弹出提示对话框，说明文中某些字体无法嵌入到 PDF 文件中，这时，需要设置透明度拼合预设，导出时自动将文字转曲。如果文字都可以嵌入到 PDF 中，直接导出文件即可。若文件中的文字使用特效或文件中有表格内容，都不能使用自动将文字转曲的导出方法。

08 单击【导出】按钮，完成输出PDF的操作。在保存的路径中打开PDF文件，设置的印刷标记在页面中可以看到，这可以使印刷厂的工作人员一目了然，便于印刷品的套准与裁切

↘ 15.1.2 输出最低质量的PDF

01 打开一个制作完成的文件，本例讲解使用第9章的案例

02 文件\导出，设置文件名，保存格式为 Adobe PDF（打印），选择保存路径，单击【保存】按钮，设置【Adobe PDF预设】为最小文件大小，在【页面】选项组中勾选【跨页】复选框，其他均保持默认设置

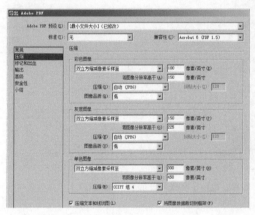

03 选择左边的【压缩】选项卡，可看到图像的像素比较低，图像的品质也较低。其他各选项均保持默认设置即可

04 单击【导出】按钮，完成输出PDF的操作。在保存的路径中打开 PDF 文件进行预览

15.2 打印设置

本例主要讲解打印的设置，将制作后的文件打印，进行校对检查。

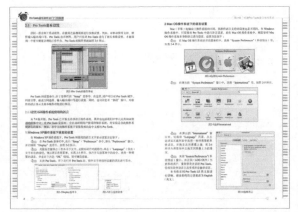

01 打开一个制作完成的文件，本例讲解使用第12章的案例

02 文件\打印，在【打印机】下拉列表中选择使用的打印机，在【常规】选项组中输入要打印的份数，在【页面】选项组中选择【全部】单选按钮，不选择【跨页】复选框

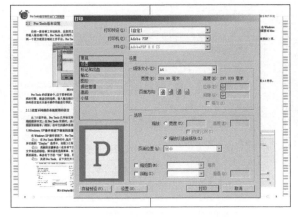

03 选择左边的【设置】选项，设置【纸张大小】为"A4"，在【选项】选项组中选择【缩放以适合纸张】单选按钮

04 选择左边的【高级】选项，在【透明度拼合】选项组中设置【预设】为"高分辨率"

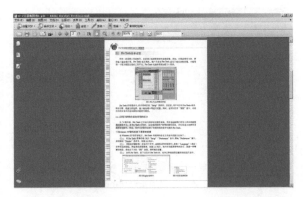

05 单击【打印】按钮，打印文件。本例在步骤02中选择Adobe PDF打印，因此打印效果为PDF格式的文件，若选择物理打印机，则打印出纸稿

15.3 打包设置

本例主要讲解打包的设置，打包可以将制作文件、链接图片复制到指定的文件夹中，以规整文件，避免文件混乱，也可以将打包的文件送交印厂或复制到其他计算机中继续制作。

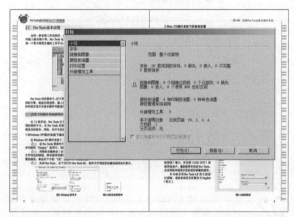

01 文件\打包，弹出【打包】对话框，用于检查文件

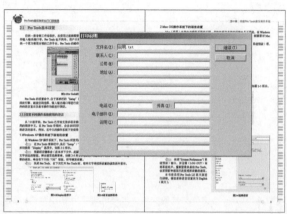

02 确认无误后，单击【打包】按钮，弹出【打印说明】对话框，用于对文件进行备注

03 单击【继续】按钮，选择保存路径，对话框下方的选项保持默认设置即可

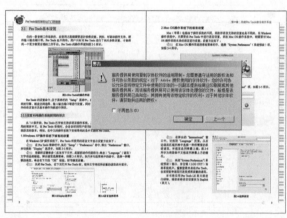

04 单击【打包】按钮，弹出【警告】对话框，继续单击【确定】按钮

TIPS 制作知识

复制字体（CJK 除外）：复制所有必需的各款字体文件，而不是整个字体系列。

复制链接图形：复制链接图形文件。链接的文本文件也将被复制。

更新包中的图形链接：将图形链接（不是文本链接）更改为打包文件夹的位置。如果要重新链接文本文件，必须手动执行这些操作，并检查文本的格式是否还保持原样。

包含隐藏的文档图层中的字体和链接：打包位于隐藏图层上的对象。

查看报告：打包后，立即在文本编辑器中打开打印说明报告。要在完成打包过程之前编辑打印说明，可以单击【说明】按钮。

05 在保存的路径下找到前面保存的文件夹，文件夹中有4个文件：字体、图片、打印报告和indd文档

第 **16** 章

工作流程实例

什么是工作流程实例？

本章以一个计算机排版工作任务为例，讲解从原稿到输出的完整工作流程。本章实例没有详细的操作步骤讲解，只是剖析了"准备工作→排版过程→检查输出"的工作流程，以及在各个工作流程中需要注意的一些问题。

我们需要掌握什么？

正确的工作流程、排版过程中需要注意的问题、如何检查文件。

16.1 排版前的工作

磨刀不误砍柴工，好的开始是成功的一半，在开始排版之前，首先要做足准备工作，例如，分析 Word 原稿、收集齐排版相关的信息等。

16.1.1 分析Word原稿

接到一个新的排版任务，在拿到 Word 原稿时需要了解这本书稿的整体结构有哪些，例如，1级标题、2级标题、3级标题、4级标题、正文、步骤、小知识和小技巧等。了解书稿内容结构后，查看美编所给的模版文件中这些内容是否都已设计，然后将模版文件里设计的样式与 Word 原稿进行对照，了解哪部分内容使用什么样式。

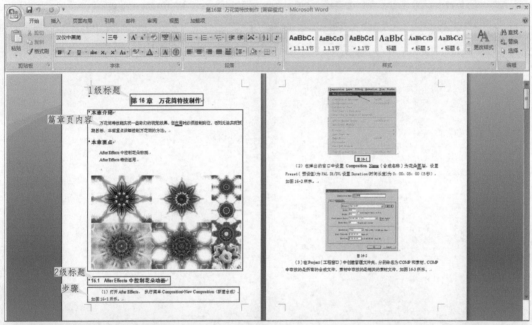

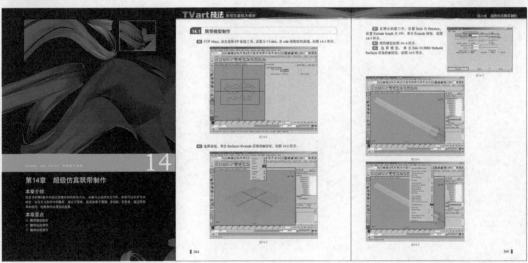

模版文件，对应Word原稿中的结构

16.1.2 信息收集

了解书稿内容之后，还需要向编辑了解以下信息。

（1）原稿是否齐全（扉页、内容提要、前言、正文、书名、作者名、篇章页的图和彩插等）。

（2）原稿一共多少页。

（3）本书成品尺寸是多少。

（4）本书是彩色印刷还是黑白印刷。

（5）在排版中有什么内容需要特别注意。

16.2 排版流程

规范地管理好各级文件夹，对提高工作效率有很大的帮助。另外，在排版过程中，要小心各种"陷阱"。如果排版经验还不是很丰富，建议排完一个对页后，停下来检查一下，看是否有排版错误，若等到排完很多页后才发现了严重的排版错误，将会增加很多工作量。

16.2.1 建立规范的文件

在工作之前，建立文件一定要规范，便于自己或其他人查找。笔者通常将1级文件夹建立为"工作内容+小组+人员"，例如，"包装280例精讲+A组+张三"文件夹，这样分工再多也能一下就找到负责此任务的人员。2级文件夹放置模版文件和各章制作文件，各章文件夹下放置indd制作文件+Links（链接图片）+备份文件夹+与本章制作内容相关的Word原稿。

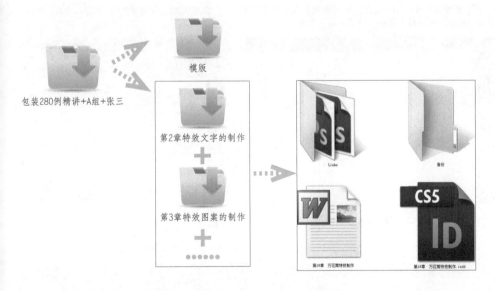

TIPS 制作知识 存储为和存储副本的区别

经常存储文档有助于保护文件，存储备份则避免文档发生损坏时无备份文件。存储备份文件时要选择正确的存储方法，文件菜单下有3种存储方式：①存储，存储当前文件；②存储为，选择存储的路径，修改文件名，存储后则替换当前的文件；③存储副本，当前文件不变，在指定的存储路径中会出现存储的副本文件。建议使用"存储副本"操作，不建议使用"存储为"，"存储为"操作会扰乱当前操作的文件，导致最后弄不清哪个是当前操作的文件。

↘ 16.2.2　排版工作中需要注意的问题

　　下面进行实例的操作讲解，本小节旨在讲解排版的流程，对于制作步骤只做简略的讲解，相关的操作步骤可参考前面的内容。

01 将"模版"文件夹的indd文件复制并粘贴到"第16章　万花筒特技制作"文件夹中，并将文件重命名，使其与文件夹的名称相同

02 将"模版"文件夹的"Links"文件夹下的"页眉右"和"页面左"复制并粘贴到"第16章　万花筒特技制作"文件夹的"Links"文件夹中

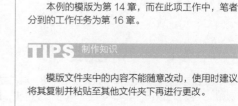

TIPS 制作知识

　　本例的模版为第14章，而在此项工作中，笔者分到的工作任务为第16章。

TIPS 制作知识

　　模版文件夹中的内容不能随意改动，使用时建议将其复制并粘贴至其他文件夹下再进行更改。

03 打开"第16章　万花筒特技制作indd"文件，只保留篇章页和修饰标题的图形，其余页面都删除，然后在【页面】调板中新建页面

TIPS 制作知识

　　在通常情况下，每章的内容都是从奇数页开始，偶数页结束。

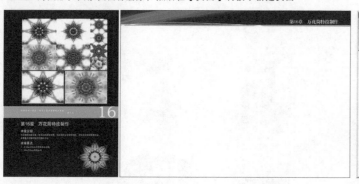

04 将写着第14章的内容替换为第16章，包括页眉和篇章页

05 将第16章的Word文档另存为网页格式，然后挑选清晰的图片，将清晰的图片剪切并粘贴到"Links"文件夹下

TIPS 制作知识

　　在挑选清晰图片时，一般选择质量大的图片，也会有特殊情况发生，就是选择的大质量的图片反而不清晰，这就需要与另一张相同的图片进行对比，不清晰的图片上会有明显的噪点。

清晰图片　　　　　　　　　不清晰图片

TIPS 制作知识

从 Word 中导出的图片,不能直接使用带有扩展名为".files"的文件夹中的图片,一旦直接使用这个文件夹中的图片,如果误删了与这个文件夹有关联的文件,则该文件夹也会一并被删除掉,所以,建议读者将使用到的图片复制并粘贴到规定的链接图片文件夹中。

图

与"图.files"文件夹相关联的文件,将其删除后,"图.files"文件夹也会跟着被删除

图.files

建议不要直接使用该文件夹中的图片

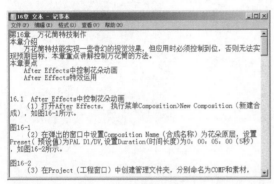

06 将第16章的Word文档另存为纯文本格式,目的是去除Word中的样式

07 将纯文本格式的第16章内容置入InDesign页面中,应用段落样式

08 2级标题数字后面的空格为全角空格,快捷键为Ctrl+Shift+M,步骤图标后面的空格为半角空格,快捷键为Ctrl+Shift+N。排版一定要严谨,不能随意敲入空格键,有多余的空格要删除

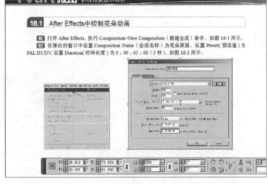

09 置入图片,在调整图片大小时建议使用控制面板上的x、y缩放百分比,使图片中的文字大小统一,使版面更好看

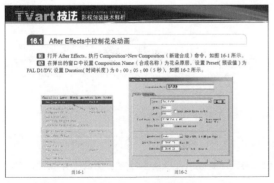

10 将对应的图号从文本框中剪切并粘贴出来,应用"图号"样式,图号与图的间距为2毫米,并且居中对齐,然后将图号与图编组

TIPS 制作知识

在排版时,建议使用文本串接的方式排版,以便于修改,但图号则需单独存在,以避免修改时图号错位。在调整完图号与图的距离时,应将它们进行编组,避免操作过程中误删除或移动。

在修改图片时,需要先将图片与图号取消编组,然后调整图片的大小,再与图号进行对齐,最后编组。不能在图与图号编组的情况下调整图片,否则,会将图号的文字大小改变。

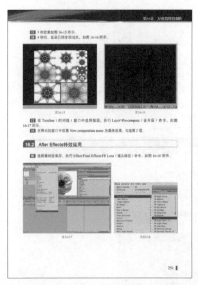
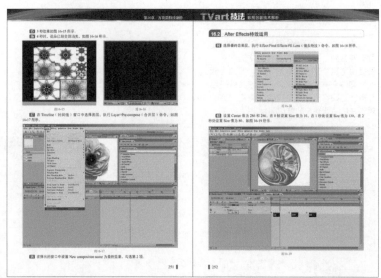

错误排法（图跨节）　　　　　　　　　　　　　　　　　　　　　正确排法（图没跨节）

11 在排版时，内容不能跨节，特别是图。不能为了让两张图凑在一块，而把第1节中的图放到第2节中

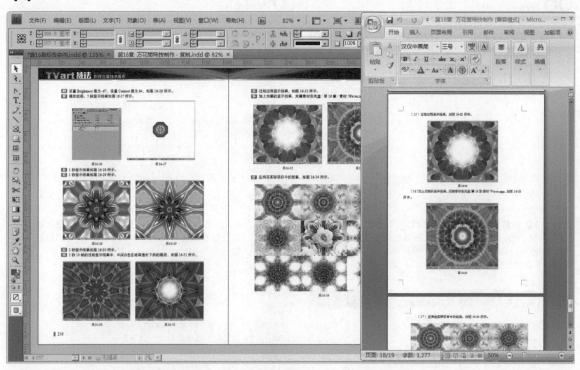

12 在排版的过程中，一定要对着原稿进行排，避免错排和漏排

TIPS 制作知识

　　图书版心的要求比较严格，通常各级标题、正文和图都不能超出版心，只能在版心内进行排版。页眉与页脚的位置在版心外，但与切口的位置至少要有 5 毫米以上的距离，避免印刷后期裁切时，文字被误裁掉。

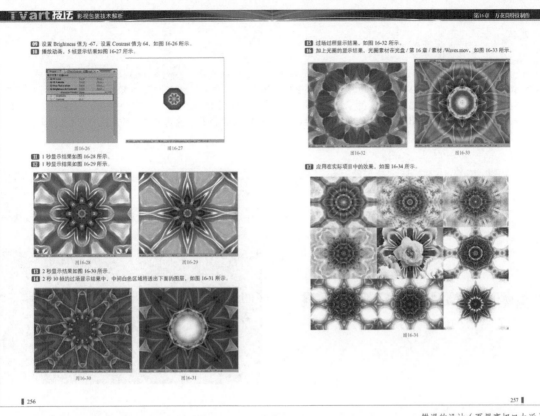

错误的设计（页眉离切口太近）

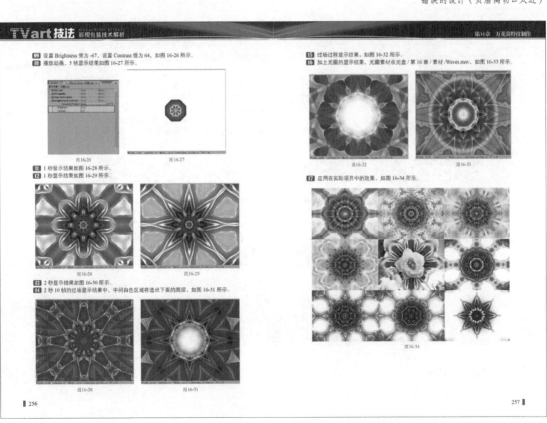

正确的设计（页眉距切口的距离至少5毫米）

16.3 文件的检查

　　排版完成后，一定要认真检查文件。计算机图书排版的重复性操作较多，其中包含的细节也比较多，例如，各级标题、正文、步骤、图号和附注说明等的样式都不相同，为了版面美观、层次分明，标题和步骤都带有修饰性的图案，而且各个对齐的方式也不统一，所以，在这样重复和烦琐的操作中，一定会遗留下很多细小的问题，这就需要在完成工作以后进行详细检查，打印 Word 原稿和排版后的文件，校对异同和排版问题。

1.检查同一章中页眉和篇章页里的1级标题是否一致

页眉

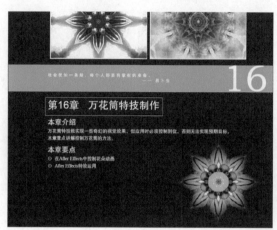

篇章页

2.检查各章页眉和扉页的书名是否一致

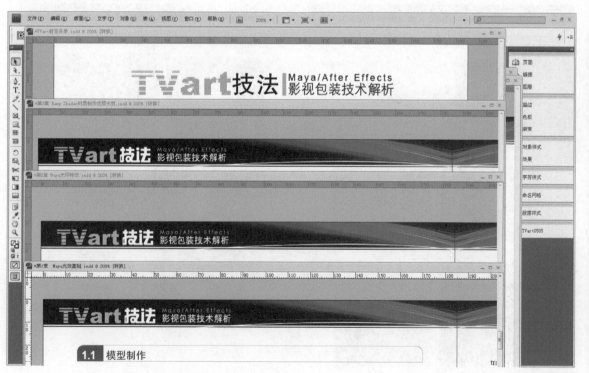

3.检查目录中的章节名称、页码与各章节所排是否相对应

如果不是自动提取目录而是手动操作的，则这项检查要非常仔细。在修改各章排版文件时，如果页码有改变，则需要重新提取目录，避免目录中的页码与各章文件不对应。

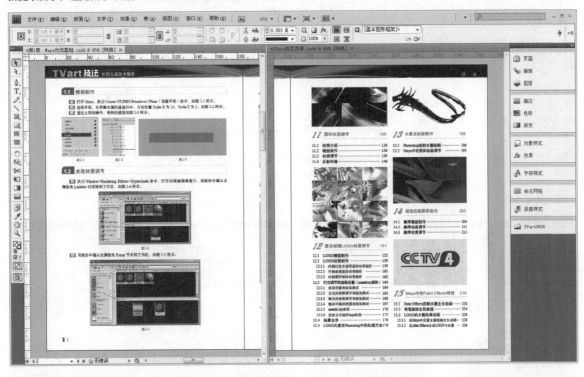

4.检查各章衔接的页码是否正确

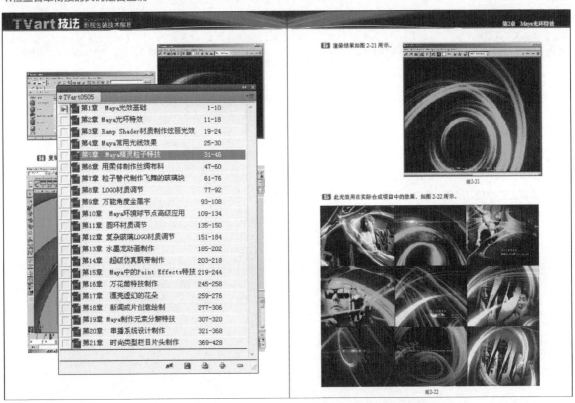

5.将排版文件与Word原稿进行对比，检查是否串行、漏排和错排

6.检查是否用错样式、是否对齐

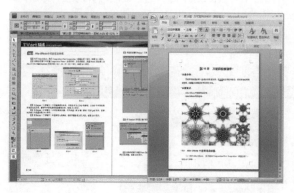
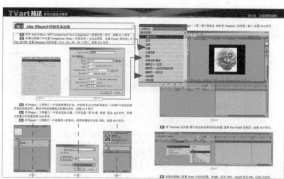

7.检查图是否清晰

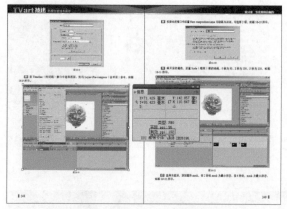
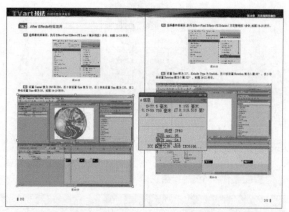

用【直接选择工具】选择图片，打开【信息】调板进行查看，有效ppi高于150的截屏图通常没有问题，其他图片视印刷条件而定

用【直接选择工具】选择图片，打开【信息】调板进行查看，有效ppi在100以下的图片或图片上明显有噪点的，则表示这张图片不能使用，需要检查在挑选清晰图片时是否选错图

16.4 打包输出

做完以上工作后，就可以将文件打包并输出 PDF，然后交给客户确认并进行印刷，输出的相关知识请参见第 15 章。

第 **17** 章

数字出版快速入门

InDesign CS5.5有哪些新功能？

InDesign CS5.5的推出主要针对的是数字出版解决方案，它能够制作出具有互动性的交互文件。在软件中通过内置的按钮、超链接、动画、对象状态、媒体和页面过渡效果等创意工具制作出具有吸引力的版面。

我们需要掌握什么？

通过新增面板的讲解，掌握InDesign CS5.5的新增功能，以及SWF电子杂志和iPad电子杂志的制作。

17.1 InDesign CS5.5 新增功能解析

本节主要介绍 InDesign CS5.5 的新增功能，包括新建文档、样式的快速应用、【色板】面板、【图层】面板、交互和扩展功能等，让设计师能够快速了解新增功能的作用。

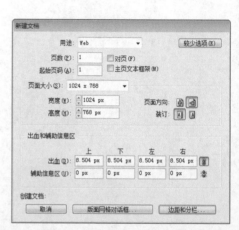

1.用途和页面大小

文件\新建\文档,在【新建文档】对话框中新增了【用途】选项,【用途】包含打印和 Web，制作印刷文件选择打印，而制作数字出版文件则选择 Web，Web 页面大小的单位是像素。【页面大小】下拉列表框中增加了常用的页面尺寸，包括印刷和数字出版的常用页面尺寸，方便设计师进行选择。

2.主页文本框架

【主页文本框架】在制作设计感较强的页面时很少会用到，但制作长篇文章时会很方便。

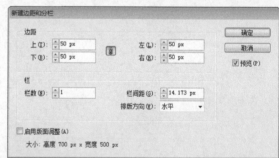

01 文件\新建\文档，设置【用途】为Web，【页数】为1，【页面大小】为800×600，单击【纵向】按钮，勾选【主页文本框架】复选框

02 单击【边距和分栏】按钮，设置上、下、左、右的边距各为50px

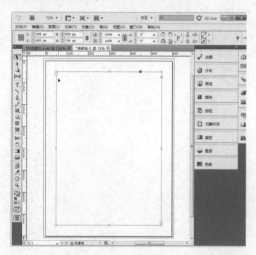

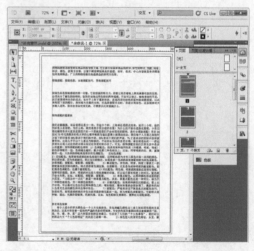

03 完成新建页面后，按住Ctrl+Shift键单击页面，激活主页文本框架

04 文件\置入，置入一篇长文章，单击主页文本框架，则页面会自动增加，直到文章全部灌完为止

3.快速应用样式

【快速应用】可以快速地应用样式，前提是样式的名称要规范。使用快速应用样式要比段落样式、字符样式方便，因为段落样式、字符样式的快捷键只能设置0~9，超过10个样式就不能设置快捷键，排版计算机图书都是重复性的操作，使用快速应用样式可以提高工作效率。

01 把页面中的文字内容都设置好段落样式和字符样式，在样式名称前面加上数字，例如，标题统一在前面加1，正文和图注归为2等

02 选择文字内容，按Ctrl+Enter键，弹出【快速应用】面板，在文本框中输入为段落样式编号的数字，在列表中会显示出相应的段落样式，单击应用即可

4.图层

InDesign新版本的【图层】面板和Illustrator的【图层】面板相似，每个图层都有一个三角形按钮，可以展开该按钮来显示这个图层上的对象及其堆叠顺序。在设计制作电子杂志时会有很多元素，如图片、文字、按钮等，建议设计师使用图层分类管理方法，将各元素分类安排在不同的图层中，使得我们的工作可以有条不紊地进行。下面讲解在【图层】面板中如何选择页面中的元素。

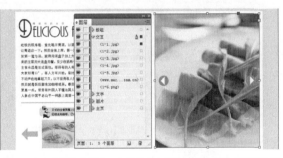

01 将页面元素分类放在各图层中

02 页面右侧有堆叠在一起的图片，现在要选择叠放在下面的图片。单击【图层】面板旁的三角按钮，展开该图层

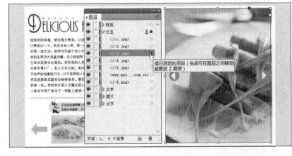

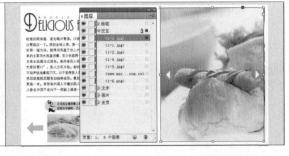

03 选择【图层】面板中的元素名称，并单击名称旁的小方格，则表示选中堆叠在下方的图片，按住鼠标左键不放，拖曳至需要的图层位置即可

5.交互

InDesign CS5.5 支持的交互功能有动画、按钮、超链接、对象状态、计时、媒体、书签和页面过渡效果，这些功能都可用于制作 SWF 电子杂志，而制作 iOS 电子杂志则通过【Overlay Creator】面板，【Overlay Creator】面板的功能包括超链接、幻灯片、图像序列、音频和视频、全景图、Web 内容、平移和缩放，下面将简单介绍制作电子杂志的常用功能，让设计师能够对交互功能有所了解。

（1）动画。

动画可以制作各种飞入、飞出、放大、缩小、弹跳等效果，并且可以对动画进行细节设置，如动画的持续时间、播放次数、旋转和缩放等。

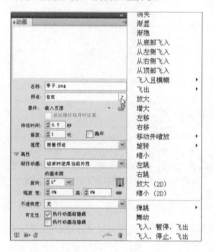

（3）对象状态。

将若干张图片设置成对象状态，像幻灯片那样一张张播放，也可以使用按钮来控制。

（4）计时。

计时可以控制页面中各动画之间的播放顺序和延迟时间。

（5）媒体。

音频和视频置入页面后，都在【媒体】面板中进行设置。

（2）按钮。

按钮可以控制动画、视频和音频的播放、暂停和停止，还可以设置按钮为跳转页面等，InDesign CS5.5 自带了一些示例按钮，可以直接使用。

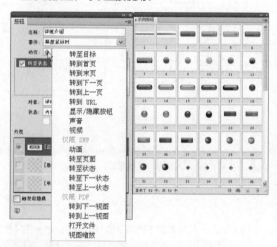

（6）超链接。

在页面中输入网址，设置为超链接，单击超链接可以跳转到相关的网页。

（7）页面过渡效果。

页面过渡效果可以设置各种页面之间的过渡效果，如百叶窗、盒状、覆盖、推出等，还有最流行的卷边翻页效果。

（8）【Overlay Creator】面板。

【Overlay Creator】面板中的功能包括幻灯片、图像序列、音频和视频、全景图、Web 内容、平移和缩放。

17.2 SWF电子杂志制作

本节主要讲解如何使用 InDesign CS5.5 中的交互功能制作出一本漂亮的 SWF 电子杂志。

17.2.1 SWF电子杂志介绍

SWF 电子杂志是指扩展名为SWF格式的电子杂志,它可以融入图片、文字、声音和视频等内容,给读者非常棒的阅读体验。

阅读 SWF 电子杂志非常方便，只需要下载一个 Flash Player 即可打开 SWF 电子杂志，也可以直接在浏览器中阅读 SWF 电子杂志。有很多网站直接把 SWF 电子杂志嵌入到其中，登录网站后可以直接在线阅读，所以，SWF 电子杂志是一种非常方便的电子杂志格式。

SWF 电子杂志的应用很广泛，例如，利用网站平台将时尚杂志、旅游杂志、购物杂志制作成 SWF 试读版，嵌入到网站中进行在线阅读，吸引读者购买。公司可以定期推出自己的电子版企业宣传册，这样不仅传播方便，还节省成本。可以将普通的 PPT 做成生动的演示文件。

17.2.2 设计制作静态页面

01 文件\新建\文档，设置【用途】为Web，【页面大小】为1024×768，不勾选对页，单击【边距和分栏】，设置上、下、左、右的边距为55px

02 文件\置入，置入"资源文件\素材\第17章\1-1.jpg、边框上.png、边框下.png"图片至主页中

03 用【文字工具】在页面左上角拖曳一个文本框，输入文字内容，设置字体为"时尚中黑简"，字号为14px，网址的字体为"Arial"，字号为12px，页面右上角输入文字内容，设置字体为"微软雅黑"，字号为14px，填充颜色，色值从左到右依次为（R242，G189，B29）、（R217，G103，B4）、（R132，G153，B114）

04 置入"资源文件\素材\第17章\亭子.png、椅子.png、瓶子.png、木牌.png"图片至页面中，旋转木牌角度

05 拖曳文本框，输入文字内容，设置中文字体为"方正超粗黑_GBK"，字号为32px，填充纸色。英文字体为"350-CAI978"，字体为36px，填充黑色，旋转文字角度

06 置入"资源文件\素材\第17章\文字1.txt"至页面中，设置字体为"方正中等线_GBK"，字号为14px，行距为24点，旋转文字角度

07 单击【字符】面板右侧的三角按钮，选择【下划线选项】，勾选【启用下划线】，设置【粗细】为18px，【位移】为－5px，【颜色】为R=79 G=47 B=29

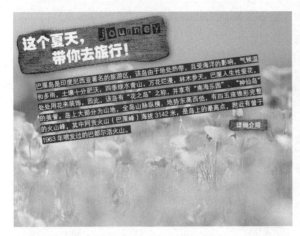

08 复制木牌，粘贴到文字右下方，并等比例缩小，拖曳文本框，输入文字内容，设置字体为"方正大黑_GBK"，字号为14px

09 置入"资源文件\素材\第17章\1-3.jpg、1-4.jpg、1-5.jpg"图片至页面中，设置描边粗细为7px，描边颜色为纸色，旋转图片角度

10 选择3张图片，单击【效果】面板右侧的三角按钮，选择"效果/外发光"，设置【模式】为正常，【不透明度】为75%，【大小】为12px

11 置入"资源文件\素材\第17章\纸片.png"至页面中，复制并粘贴两次，分别放在图片下方，在纸片上拖曳文本框，输入文字内容，设置【字体】为"方正书宋_GBK"，【字号】为12px，文字颜色为（R64，G1，B1）

12 用【椭圆工具】绘制圆形，填充渐变色，渐变【类型】为径向，用【渐变色板工具】调整渐变方向，设置投影【距离】为4px，【大小】为2px，另外两个圆形设置方法相同

13 置入"资源文件\素材\第17章\蝴蝶1.png和蝴蝶2.png"至页面中

TIPS 制作知识 旋转对象

用【选择工具】选择对象，将光标移至对象的左上角，光标则变为旋转图标，按住鼠标左键不放，向上或向下拖曳光标，即可旋转对象。

14 静态页面完成后，将它们分别放在不同的图层中，笔者按照动画组出现的先后顺序进行分层。从下往上的图层顺序依次为主页（主页上的内容）、动画1、动画2、动画3、动画4、详细介绍内容、箭头

↘ 17.2.3　制作交互对象

01 选择"亭子.jpg"，窗口\交互\动画，设置【预设】为放大，【持续时间】为0.5秒

02 单击【属性】的扩展按钮，设置【制作动画】为"结束时使用当前外观"，【缩放】为0%，勾选【执行动画前隐藏】，单击下方中间位置的原点

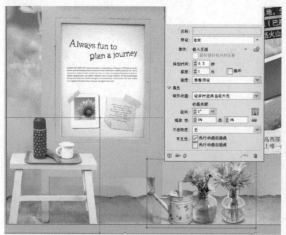

03 根据步骤01和步骤02的方法，设置"椅子.jpg"和"瓶子.jpg"的动画

04 窗口\交互\预览，对前面设置的动画进行预览

通过预览动画，可以看到播放的顺序是一个动画播放完毕，再到另一个动画。现在我们想让动画播放得更紧凑，即"亭子.jpg"播放到 0.1 秒的时候，"椅子.jpg"开始播放，"椅子.jpg"播放到 0.1 秒的时候，"瓶子.jpg"开始播放。【计时】面板可以实现这个效果，还可以调整动画的播放顺序。

05 窗口\交互\计时，按住Shift键连续选择亭子、椅子和瓶子，单击【一起播放】按钮

06 在【计时】面板中单击椅子，设置【延迟】为0.1秒，瓶子的延迟也为0.1秒

TIPS 制作知识 动画的持续时间

动画的持续时间不宜过长，如果每个动画的持续时间太长的话，会让读者失去阅读的耐心，建议每个动画的持续时间为 0.25~0.75 秒。

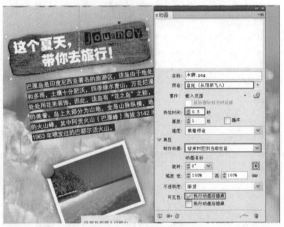

07 选择木牌，在【动画】面板中设置【预设】为从顶部飞入，【持续时间】为0.5秒，【制作动画】为"结束时回到当前位置"，勾选【执行动画前隐藏】

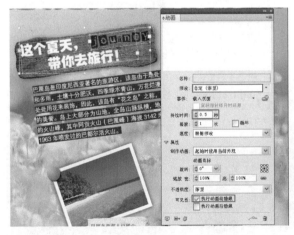

08 选择两个标题，设置【预设】为渐显，【持续时间】为0.5秒，勾选【执行动画前隐藏】

09 在【计时】面板中，按住Shift键连续选择两个标题，单击【一起播放】按钮，让两个标题同时播放动画

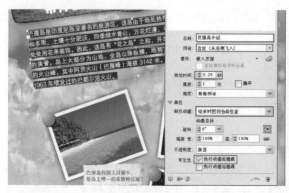

10 选择正文，设置【名称】为巴厘岛介绍，【预设】为从右侧飞入，【持续时间】为0.25秒，【制作动画】为"结束时回到当前位置"，勾选【执行动画前隐藏】

11 选择木牌和详细介绍，按Ctrl+G键编组，设置【名称】为详细介绍，【预设】为从右侧飞入，【持续时间】为0.25秒，【制作动画】为"结束时回到当前位置"，勾选【执行动画前隐藏】

12 如上图所示，分别将3组对象进行编组

13 选择3组对象，设置【预设】为显示，勾选【执行动画前隐藏】

14 选择左边的编组对象，在【图层】中展开动画3的子图层，双击"组"，输入"图片1"，另外两个编组对象的名称依次是"图片2"和"图片3"

15 在【计时】面板中，按住Shift键连续选择图片1、图片2和图片3，单击【一起播放】按钮，分别设置图片2和图片3的【延迟】为0.2秒

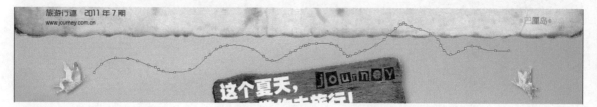

16 选择【铅笔工具】，在"蝴蝶1"旁绘制一条路径

17 选择"蝴蝶1"和路径,单击【动画】面板右侧的三角按钮,选择【转换为移动路径】

18 单击路径,用【选择工具】拉伸路径,使路径延伸到页面外

在主要动画播放完毕后,才会出现飞舞的蝴蝶,作为装饰性元素,动画的持续时间可以稍久一些。

19 设置"蝴蝶1"的【持续时间】为12秒,勾选【执行动画前隐藏】和【执行动画后隐藏】

20 设置"蝴蝶2"的【持续时间】为10秒,勾选【执行动画前隐藏】和【执行动画后隐藏】

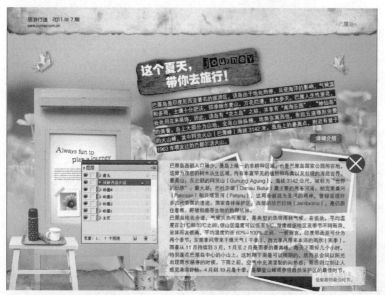

TIPS 制作知识 调整动画播放顺序

如果动画的播放顺序不是理想的效果，可以通过拖曳【计时】面板中的元素名称进行调整。建议设计师对每个交互元素命名，这样就可以在【计时】面板中轻易找到自己需要调整的对象。通过双击【图层】面板中的名称即可重命名。

21 选择"详细内容介绍"图层，置入"文字2.txt"至页面中，在文字后面绘制白色透明矩形。在矩形框右上角绘制圆形，用【直线工具】并按住Shift键绘制两条45°倾斜的直线，将圆形和直线进行水平和垂直居中对齐，简洁的关闭按钮就绘制完成了，将关闭按钮的元素进行编组

下面要进行对象状态的设定，将"详细介绍"设置为按钮，单击它则弹出巴厘岛内容的详细介绍，再单击矩形框右上角的关闭按钮，则回到原来的页面。

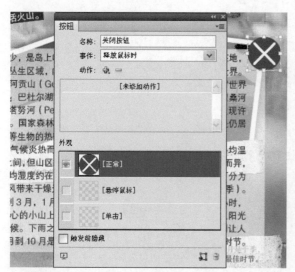

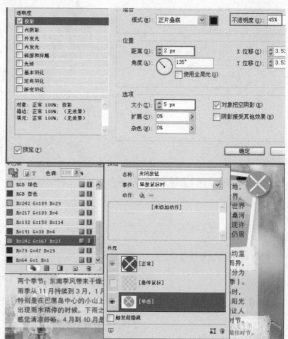

22 用【选择工具】双击关闭按钮，窗口\交互\按钮，单击面板右下角的【将对象转换为按钮】按钮，设置【名称】为关闭按钮，按Enter键

23 在【外观】属性栏中单击，用【直接选择工具】选择圆形，设置颜色（R242, G167, B27），投影的【不透明度】为45%，【距离】为2px，【大小】为5px，单击【正常】，完成按钮的设置

TIPS 制作知识 交互元素的命名尤为重要

设计制作电子杂志，交互元素非常多，有些交互元素之间关系密切，所以，对每个交互元素的命名尤为重要，设计师可以根据自己的习惯进行命名，笔者在进行案例讲解时，采用形象描述来命名，方便自己记忆和查找，设计师在跟着案例进行练习时，建议与笔者的命名相同，先了解这些设置的思路，弄明白逻辑关系后再采用自己的方式进行实际操作。

24 用【矩形框架工具】在页面外绘制一个矩形

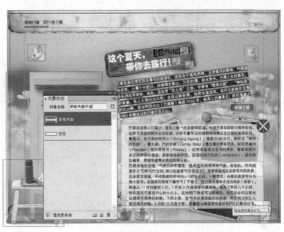

25 选择矩形框架和详细内容介绍，窗口\交互\对象状态，单击面板右下角的【将选定范围转换为多对象状态】按钮，设置【对象名称】为详细内容介绍，每个对象状态的名称按照上图所示进行命名，单击面板右侧的三角按钮，选择【触发前隐藏】

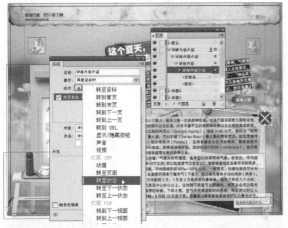

26 双击无法选中关闭按钮时，可以通过【图层】面板找到按钮所在的位置，单击旁边的小方格即可选中。在【按钮】面板中单击动作的+号，选择【转至状态】

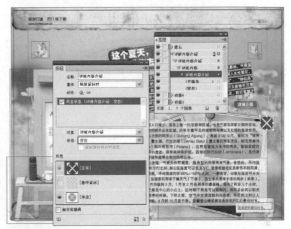

27 在【状态】下拉列表中选择空白

28 在【对象状态】面板中单击"空白"，回到页面中，选择"详细介绍"，将其转换为按钮，添加【转至状态】动作，设置【状态】为详细内容

29 在"详细介绍"按钮旁，用【钢笔工具】绘制一个箭头，用【文字工具】绘制文本框，输入文字内容，该图标作为提示读者单击此处会有页面弹出。设置动画【名称】为点击图标，【预设】为渐显，【持续时间】为1秒，【播放】为10次，勾选【执行动画前隐藏】和【执行动画后隐藏】

30 在【计时】面板中，按住Shift键连续选择蝴蝶1、蝴蝶2和点击图标，单击【一起播放】按钮，分别设置蝴蝶2的【延迟】为1秒，点击图标的【延迟】为2秒

31 窗口\交互\预览，对完成的动画效果进行预览

17.2.4 SWF输出设置

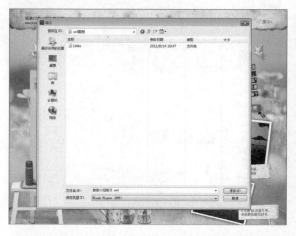

01 文件\导出，在【保存类型】下拉列表框中选择"Flash Player（SWF）"

02 单击【保存】按钮，页面大小选择1024×768，勾选【生成HTML文件】和【导出后查看SWF】

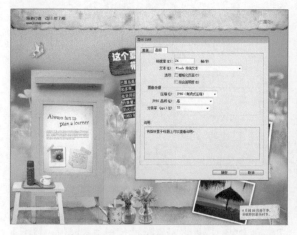

03 选择【高级】选项卡，【帧速率】一般设置24，【分辨率】为72

04 单击【确定】按钮，在浏览器中查看效果

TIPS 制作知识 介绍【导出 SWF】对话框中部分选项的作用

导出 SWF 格式，可以用 Flash Player 来观看，导出时勾选【生产 HTML 文件】，则可以用浏览器来观看文件。

【背景】选项中如果选择【透明】，便会失去页面切换的效果。

在【页面过渡效果】下拉列表中有很多效果可以选择，如果选择"通过文档"则跟随页面内的设置。

【包含交互卷边】是目前比较受欢迎的翻页效果，如果勾选了这个复选框，便可以拖拉着书角来翻页。

【帧速率】的参数设置，一般来说每秒 24 帧已经足够了，最多不要超过 30 帧。要注意，帧数越多，文件容量越大。

【文本】下拉列表中的【Flash 传统文本】是可被搜索的文字，容量很小，但字型效果一般；【转换为轮廓】效果较好，文件容量较大；【转换为像素】转存后的 SWF，可支持放大功能，图像会出现锯齿。

【栅格化页面】复选框可以支持放大功能，图像会出现锯齿；【拼合透明度】复选框拼合后可以令文件简化，但会失去交互功能。

【图像处理】选项中，【压缩】JPEG 格式，高品质，72 像素的分辨率对于电子杂志来说已经足够，如果要最好的效果，可以选择 PNG 格式，但文件会比较大。

17.3 iPad电子杂志制作

本节主要讲解如何使用【Overlay Creator】面板的各项功能制作出一本漂亮的 iPad 电子杂志。

17.3.1 iPad电子杂志介绍

制作 iPad 电子杂志的流程：在 InDesign CS5.5 中创建标准的文件，设计制作页面内容，为内容添加交互效果。在 Adobe Content Viener 中进行测试，确保内容无误。通过 Adobe DPS 发布电子杂志。用 omniture 进行准确的数据分析，了解读者的需求。

InDesign CS5.5 制作的 iPad 电子杂志无法直接在本地测试，需要将制作文件上传至 Adobe 服务器中进行测试。首先需要登录 www.adobe.com 注册一个 Adobe ID，注册完成后在【Folio Buider】面板中登录 Adobe ID。

窗口\扩展功能\Folio Builder，输入账号、密码，单击"登录"。新建一个作品集，输入作品集名称（作品集名称建议和本地的作品集名称一样），单击导入，导入本地的制作文件。选择导入一篇还是多篇文章，在位置中选择本地的作品集文件夹，单击【确定】按钮，即开始上传制作文件。文件上传完毕后，单击面板左下角的【预览】按钮即可进行预览。

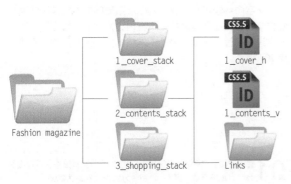

制作 iPad 电子杂志对文件的建立和管理有严格要求，如果不按照规范建立和命名文件，那么文件上传到 Adobe 服务器后，将无法正确输出。

1 级文件夹是作品集，命名可以是刊名 + 刊期，作品集相当于一本书或一期杂志。2 级文件夹归类放置内容的章节，各章节内放置的内容为 3 级文件夹，里面包括横版制作文件、竖版制作文件和链接图，因为大多数平板电脑都支持重力感应，既可横看又可竖看，所以，就需要设计师制作两个版面。

对于横版 indd 文件，命名为 xxx_h.indd，竖版 indd 文件，命名为 xxx_v.indd 文件，_h 和 _v 是识别横版和竖版的标识，如果不这样命名，则无法正确输出。

↘ 17.3.2　建立工作环境

在 iPad 上阅读的电子杂志并不支持 InDesign 中的所有交互功能，例如，不支持动画和计时功能，按钮中的部分功能也是不支持的。窗口 \ 工作区 \ 交互，在"交互"工作环境中，将【动画】和【计时】面板关闭，打开制作 iPad 电子杂志必须用到的【Overlay Creator】面板和【Folio Builder】面板，然后存储为 iPad 工作区。

01 窗口\工作区\交互，关闭【动画】面板和【计时】面板

02 窗口\扩展功能，打开【Overlay Creator】面板和【Folio Builder】面板

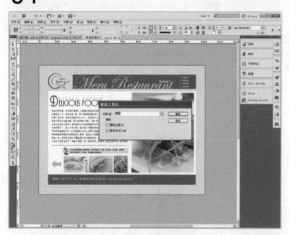

03 窗口\工作区\新建工作区，设置【名称】为iPad，单击【确定】按钮，则完成新建工作区的操作面板

TIPS 制作知识　【Overlay Creator】面板和【Folio Builder 面板】

【Overlay Creator】面板主要用于 InDesign 电子杂志的前期制作，其内容包括超链接、幻灯片、图像序列、音频和视频、全景图、Web内容、平移并缩放。【Folio Builder】面板则是电子杂志完成制作后，在放到 iPad 平台上进行销售前，需要在【Folio Builder】面板上登录，将完成的文件上传进行预览，测试各项设置是否存在问题。

↘ 17.3.3　设计制作交互页面

文字内容较多时，通过制作可滚动的文本框来装载更多的文字内容，即在有限的文本框内，拖动文本框右边的滚动条来进行阅读。制作可滚动文本框的方法比较严格，不能有丝毫错误。

01 置入"资源文件\素材\第17章\文字3.txt"至页面中，设置字体为"方正细等线_GBK"，字号为12px，行距为20点

02 复制并粘贴文本框到页面外，把文本框向下拖曳至没有溢流文本为止，删除页面内的文字内容

03 新建一个图层，用于放置可滚动文字。设置图层名称为 "Scrollable Content"，要严格按照此名称输入，区分大小写，单词之间有一个空格。将可滚动文字（即页面外的文字）放在该图层中，该图层只能用于放置可滚动文字

04 统一两个文本框的名称，选择页面外的文本框，单击图层旁的三角按钮，在展开的图层中单击文本框名称，再单击一次即可输入该文本框的名称。

05 按照上一步的方法，设置页面内的文本框名称

06 单击【Overlay Creator】面板左下角的【预览】按钮，查看效果。按住鼠标左键不放向下拖动，可以看到滚动条遮挡了一些文字内容，需要再做调整

07 在页面中将文本框的宽度稍微拉大一些，再进行预览，查看效果

　　下面要制作在有限的区域内可以平移拖动的图片。在页面中用【矩形框架工具】绘制出用于平移的区域，形状必须是矩形，并且矩形框的高度要与图片框的高度完全一致，或小于图片框的高度，但绝对不能大于图片框的高度，否则上传文件时会报错。

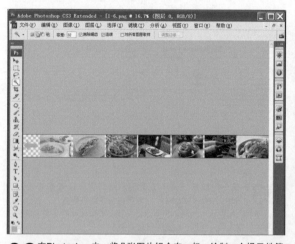

08 在Photoshop中，将几张图片组合在一起，绘制一个提示性箭头，存储为png格式

09 用【矩形框架工具】绘制矩形，用于放置平移并缩放的图片

10 选择矩形框，置入"资源文件\素材\第17章\iPad电子杂志完成效果\Links\1-6.png"图片到矩形框内，调整矩形框的高度，要与图片的高度完全一致

11 在【Overlay Creator】面板中单击【平移并缩放】，选择【仅平移】单选按钮

12 单击【预览】按钮，把光标放在平移图片的位置上，按住鼠标左键不放，向左拖曳，则图片向左平移

TIPS 制作知识　版面内的各元素合理归类

　　制作 iPad 电子杂志时，页面中的各元素建议归类放置在图层中，这样可以方便我们选择叠放在一起的对象，而且可以有效地避免误操作，笔者的习惯是将图层分为主页层、图片层、文字层、交互层、按钮层。

在页面中的一个固定区域内，多张图片叠放在一起，通过轻扫图片或按钮控制图片进行翻阅，可以使用【Overlay Creator】面板的幻灯片功能来实现，但前提是必须建立一组对象状态。

13 置入"资源文件\素材\第17章\iPad电子杂志完成效果\Links\1-1.jpg~1-5.jpg"图片至页面中

14 选择置入的图片组，单击【对齐】面板中的【水平居中对齐】和【垂直居中对齐】按钮

15 选择图片组，窗口\交互\对象状态，单击【对象状态】面板右侧的三角按钮，选择"新建状态"，设置【对象状态】名称为"食物图片组"

16 用【椭圆工具】绘制两个圆形，在圆形中间用【钢笔工具】绘制出三角形，圆形填充颜色值为（R132，G153，B114），三角形填充纸色，两个圆形与三角形分别编组

17 选择左边的图形单击鼠标右键，选择交互\转换为按钮，设置【名称】为按钮左，按Enter键，在【外观】属性栏中单击，用【直接选择工具】选择圆形，设置颜色和投影

18 在【按钮】面板中单击动作的+号，勾选【转至上一状态】，在【对象】下拉列表中选择食物图片组

19 按照步骤17和步骤18的设置方法，设置右边的按钮，按钮名称为按钮右，动作为【转至下一状态】

21 单击【预览】按钮，查看效果，单击左边的按钮，图片向上一张翻阅，单击右边的按钮，图片向下一张翻阅，在图片上拖曳鼠标，则图片也会发生更改

23 在URL文本框中输入 "http://www.baidu.com/"（单击该网址则会弹出网页，在这我们用百度网页作为示范，没有任何实际意义），按Enter键完成添加超链接的操作

20 在【Overlay Creator】面板中勾选【轻扫以更改图像】

22 选择页面下方的网址，窗口\交互\超链接，打开【超链接】面板

24 在网址下面绘制一条直线，以起交互提示作用

在 InDesign CS5.5 中,可以将全景图叠加在一起模拟立体空间的效果,设计师通过旋转图片可以看到 6 个面的立体空间。创建全景图需要 6 张图片,这些图片代表立方体的 6 个内侧。图片的排列顺序有严格的要求,如右图所示。

图片的命名方法是图片名称 + 下画线 + 数字,例如 P_01、P_02、P_03……

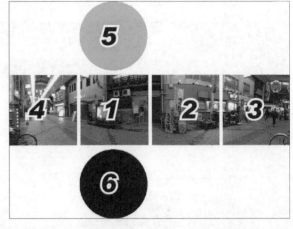

25 在链接图片文件夹中新建一个文件夹,用于放置全景图

26 在页面中,用【矩形框架工具】绘制占位符

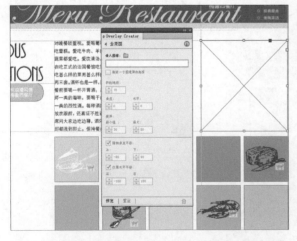

27 选择占位符,单击【Overlay Creator】面板的【全景图】选项

28 单击【载入图像】旁的文件夹按钮,在弹出的对话框中选择全景图存放的文件夹即可

29 等比例缩小图片以适合文本框的大小，勾选【将第一个图像用作海报】

30 用【钢笔工具】绘制图形，作为交互提示作用

　　【Overlay Creator】面板中的图像序列功能可以将一系列图片叠放在一起，模拟 3D 的 360° 旋转效果或动画的连续性动作效果。在制作该效果时，文件夹和文件名必须规范，在链接图片文件夹下建立一个文件夹专为放置 360° 旋转图片使用。每张图片的名称相同，名称后面加上数字表示图片的排列顺序，如西餐桌 01.jpg、西餐桌 02.jpg 等。每张图片的大小要完全一致。

　　要平滑地进行 360° 旋转，至少要使用 30 张图片，但使用过多图片会增加不必要的文件大小。每张图片使用"存储为 Web 和设备所有格式"的存储方法进行压缩，以减小文件容量。

31 单击【预览】按钮，查看效果，单击全景图片，则出现放大的全景图，按住鼠标左键不放即可上下左右拖曳进行浏览

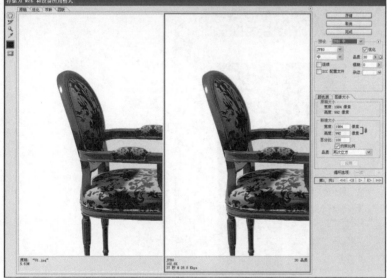

32 在Photoshop中打开图片，文件\存储为Web和设备所有格式，单击【双联】选项卡，可以查看设置前后的细节，在【预设】下拉列表框中选择【JPEG中】选项

33 将每张图片都进行压缩后，在InDesign页面中用【矩形框架工具】绘制占位符

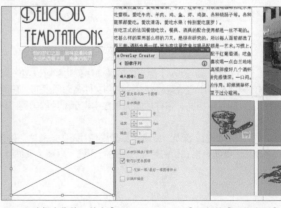

34 选择占位符，单击【Overlay Creator】面板的【图像序列】选项

35 单击【载入图像】旁的文件夹按钮，在弹出的对话框中选择图像序列存放的文件夹即可

36 等比例缩小图片以适合文本框的大小，勾选【首先显示第一个图像】和【轻扫以更改图像】

37 用【直线工具】绘制直线，在【描边】面板中设置起点和终点的箭头类型，以起交互提示作用

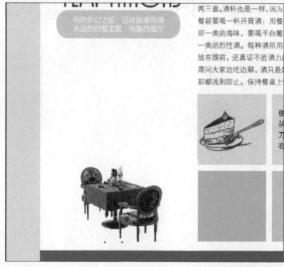
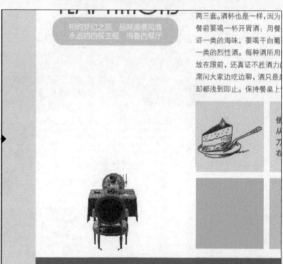

38 单击【预览】按钮，查看效果